AF261813

CHEZ

LE

BEY DE TUNIS

PAR

L. AUGÉ DE LASSUS

ILLUSTRATIONS PAR MM. H. GÉNOIS ET CH. DE SAINT-GERMAIN

VERSAILLES

L. BERNARD, LIBRAIRE-ÉDITEUR

9, RUE SATORY, 9.

1881

PRIX, 1 FR. 50

CHEZ LE BEY DE TUNIS

VERSAILLES

IMPRIMERIE CERF ET FILS

59, RUE DUPLESSIS

Mohammed-el-Sadok

CHEZ

LE

BEY DE TUNIS

PAR

L. AUGÉ DE LASSUS

ILLUSTRATIONS PAR MM. H. GÉNOIS ET CH. DE SAINT-GERMAIN

VERSAILLES

L. BERNARD, LIBRAIRE-ÉDITEUR

9, RUE SATORY, 9

1881

CHEZ LE BEY DE TUNIS

Tunis.

I.

Arrivée à Tunis.

Nous sommes en vue des côtes africaines. Le *Simoïs* qui nous
porte, a jeté l'ancre. La terre, encore éloignée, se présente dans
un long panorama. Vers l'Occident, deux collines arides limitent
l'emplacement de l'antique Carthage. Quelques débris informes
gisent sur la grève; mais faut-il y reconnaître les ruines d'une
ville ou celles de quelque falaise brusquement effondrée? A la
cime de la colline la plus lointaine scintille un petit village,
posé là comme un nid.

Vers l'Orient, le rivage est fangeux et bas ; un peu en arrière, la Goulette tristement s'étale. La mer trouble ses flots, comme pour n'avoir pas à refléter une aussi misérable image. C'est un amoncellement confus de chétives bicoques, de terrasses croulantes, de pierres qui dessinent vaguement une digue à demi écroulée et laissent pendre à la vague la chevelure des algues vertes. Quelques barques sont là enchaînées à des pieux pourris. Les maisons sont brutalement blanches ; le ciel est brillamment bleu.

On prend notre navire d'assaut : douaniers, hommes de police, agents de la santé, portefaix nègres, interprètes qui parlent tant de langues qu'à la fin ils n'en savent plus aucune. C'est un essaim de parasites faméliques, bruyants, grouillants et qui vivent de l'étranger.

Non sans peine nous descendons dans une barque, et nous faisons force de rames vers le port. Ce mot de port est bien ambitieux, presque inexact ; les bateaux de pêche peuvent seuls s'amarrer aux quais boueux de la Goulette. Les navires d'un tonnage un peu fort doivent rester au large.

Voici des remparts et voici des bastions. Les canons, d'un air féroce, passent leur long cou de fer à travers les embrasures. Pauvres remparts, pauvres canons, parodie lamentable et qui provoque le sourire. Les canons sont rouillés, les affûts sont boiteux, les herbes folles escaladent les pyramides de boulets. Les soldats eux-mêmes, car il en est quelques-uns, errent lentement comme les spectres d'âmes en peine, non moins débraillés que leur forteresse. Cependant, au milieu de tout cet attirail guerrier, rebut des arsenaux de l'Europe, un canon d'un autre âge nous arrête. Il est de bronze et d'une belle teinte verdâtre ; de riches ornements enguirlandent sa culasse. Est-ce une épave que la mer a rejetée, est-ce un trophée de victoire, et ce bronze a-t-il été conquis par quelques-uns de ces corsaires hardis qui écumaient la Méditerranée au temps des Barberousses ? Qui le sait ? Personne certainement de ces gens qui sont là ; car ils n'ont pas plus le souci du passé qu'ils n'ont l'inquiétude de l'avenir.

Non loin de ces simulacres de fortifications, gisent encore d'autres canons. Ceux-ci n'ont pas même pu trouver d'affûts pour les porter. Ils ont été, nous dit-on, l'occasion de contestations, d'expertises et sans doute, pour quelques intermédiaires complaisants, de brillants bénéfices;. chacun d'eux fut compté au gouvernement du Bey dix mille francs et plus tard fut estimé quinze cents francs, le prix du métal. Cette affaire-ci n'a pas été la plus fâcheuse qu'ait conclue le gouvernement Tunisien; de son acquisition il lui reste quelque chose. Que reste-t-il de tant d'autres dépenses et des millions empruntés à l'Europe?

Les mendiants nous assaillent; des ruines, des mains qui sollicitent une aumône, voilà ce que l'on voit au premier pas fait sur le sol de la Régence. Jamais je ne rencontrai même en Espagne plus curieux ni plus pittoresques haillons. C'est un prodige, comment tout cela peut tenir. L'habit d'arlequin est bariolé de couleurs moins variées. Et selon qu'ils restent immobiles ou se meuvent, ces pauvres gens apparaissent à peu près vêtus ou presque nus. En effet, leurs guenilles flottent et volent au moindre geste et les corps maigres, à faire envie au plus austère anachorète, se découvrent aussitôt. Ages, sexes, races se confondent; on ne pourrait le plus souvent s'y reconnaître. Et cependant la lumière jette sur toutes ces misères et ces bizarreries une harmonieuse unité. Quelques vieillards aveugles se lamentent; quelques mères viennent traînant des enfants nus, ou quand ils sont plus petits, les portant sur leur dos. Et toute cette truanderie nous fait escorte, geignant, criant, glapissant comme une bande de chacals en chasse.

Le voyageur peut choisir entre trois voies et trois moyens de transport pour se rendre de La Goulette à Tunis : traverser le lac qui sépare les deux villes, c'est le moyen le plus long et le plus incommode, car ce lac, d'une très faible profondeur, retient quelquefois les plus légères barques enfoncées dans ses vases; prendre la voie ferrée, cette petite ligne longue à peu près comme un tramway parisien, mais que trois nations cependant se sont disputée, les Anglais qui primitivement l'ont construite, les Français qui semblèrent un moment l'avoir acquise, les Italiens qui en ont la possession actuelle ; cette voie ferrée a fait écrire plus de notes, échanger plus de correspondances, provoquer plus d'intrigues rivales qu'elle n'a de traverses. Enfin, le voyageur peut prendre à La Goulette une voiture et suivre la piste sillonnée d'ornières qui conduit à Tunis. C'est ce dernier moyen que nous adoptons.

La route comme la voie ferrée décrit une courbe, obligée qu'elle est d'éviter les bords marécageux du lac de Tunis. Ce lac pourrait devenir un port vaste et sûr et renouveler dans notre siècle les merveilleuses prospérités des ports de Carthage.

Une Compagnie Française se propose de réaliser cette amélioration si utile et qui doublerait l'importance de Tunis ; sans doute cela se fera quelque jour. Le projet est ancien et même quelques beys en conçurent la pensée. L'un d'eux, escomptant audacieusement l'avenir, avait donné ordre de construire une frégate et d'établir le chantier sur le bord même du lac. Le constructeur était Français, et sur son observation que la frégate achevée ne pourrait pas flotter dans le bourbier étalé devant elle, le bey ordonna de passer outre, un nouveau port devant se trouver tout prêt pour recevoir le nouveau navire. Bien entendu, tout cela ne sortit pas du domaine du rêve. La frégate pourrit sur ses étais et les mouettes naviguèrent seules sur le lac.

Nous cheminons au petit trot. Le sol est fertile ; quelques cultures l'attestent et mieux encore mille fleurs splendidement épanouies. Les fèves déjà presque mûres, bien que nous soyons seulement aux premiers jours d'avril, alternent avec les orges.

Souvent les plantes sauvages plus vigoureuses envahissent les champs et l'on ne voit plus qu'elles. Les glaïeuls étagent sur leurs longues tiges des fleurs rosées ; les fenouils ouvrent des ombelles géantes et de petits iris azurés constellent un peu partout la terre. D'immenses troupeaux de moutons passent.

Point de chiens pour les garder ; les bergers suffisent à tout. Qu'une bête s'écarte, aussitôt une pierre, lancée d'une main infaillible, l'atteint et du coup la renvoie à son rang. Les chèvres suivent les moutons, celles-ci plus capricieuses, broutant de ci de là et trottinant un peu à la débandade. Puis voici les chameaux graves, avec leur long cou, leur petite tête placide, leurs jambes grêles bosselées d'un genou énorme, et leur gros ventre où les courroies sanglent les ballots. C'est un cortège solennel ; les hautes bosses se balancent d'un mouvement monotone.

Des oliviers paraissent, les seuls arbres que nous rencontrerons. Ils sont clairsemés, et ce n'est que de bien loin qu'ils semblent former un bois continu. Quelques-uns, vieux comme des patriarches, ont des troncs déchirés, crevassés, béants ; leurs racines tortueuses étreignent en désespérées les rocailles du sol. Les arbres même semblent ici en ruines. Sur notre droite ondulent quelques collines verdoyantes, tandis qu'à l'Orient quelques belles montagnes limitent majestueusement l'horizon.

Nous découvrons Tunis. Les remparts qui ceignent la ville sont construits en pisé ; mais on les a flanqués de quelques bastions qui font mine de protéger les portes. Encore des embrasures où passent les gueules noires des canons. Une fontaine est près du chemin et les ânes à la file y viennent boire. Un marabout arrondit tout à côté sa blanche coupole.

La porte qui donne accès dans la ville, courbe gracieusement un arc en fer à cheval. Elle est suivie d'une seconde porte, mais non pas dans l'axe de la première. Le couloir un peu sombre qui les sépare l'une de l'autre, abrite un corps de garde. Soldats, uniformes, fusils, gibernes sont poudreux, salis, maculés comme s'ils avaient été ramassés sur quelque champ de bataille. Mais l'ombre et la lumière ont ici des caprices mystérieux. Les arcs des voûtes s'entrecroisent et se coupent. Quelques gros blocs, arrachés aux ruines des monuments antiques, sont enchâssés dans les murs, et les colonnes qui reçoivent la retombée des voûtes, déploient des acanthes sous le badigeon qui les déshonore. Il y a des encoignures ténébreuses où quelques paroles vaguement murmurées nous révèlent des mendiants en embuscade.

Ce n'est ni par la propreté ni par la régularité de ses rues que Tunis se recommande. La rue où nous nous engageons, une des principales de la ville, serpente capricieusement. Pas de pavé, le sol n'est qu'une poussière épaisse. Quel cloaque cela doit faire aux jours de pluie, bien rares heureusement ! Les maisons ou plutôt les cases sont petites et composées le plus souvent d'un rez-de-chaussée. Quelques-unes, peu nombreuses encore mais qui certainement se multiplieront, sont construites à la mode italienne et superposent plusieurs étages. Souvent des murailles croulantes bordent seules la rue ; elles enferment de vastes espaces où le soir les troupeaux viennent chercher un refuge contre les chacals et les maraudeurs. Tunis en certains quartiers a des airs de bergerie.

Nous arrivons devant une grande porte qui semble marquer l'entrée d'une seconde ville. En effet, l'enceinte actuelle de Tunis est relativement moderne. La porte que nous venons de rencontrer, appartenait à une enceinte plus ancienne et d'un moindre développement. Les villes en grandissant font ainsi éclater leurs murailles ; il leur en faut d'autres, comme il faut bientôt à l'enfant de nouveaux habits.

Cette porte ouvre une large baie mauresque où tout un coin de la ville centrale s'encadre à merveille. Les maisons étagent leurs terrasses blanches, semblables à d'immenses degrés de marbre ; un minaret jaillit, entourant de petits créneaux la logette du muezzin ; enfin un palmier (ils ne sont pas communs dans la ville) balance dans l'azur son panache vert. La foule est grande, pittoresque et variée ; et la porte et les ruelles environnantes la déversent incessamment. Nous sommes à une sorte de confluent où toutes les races, toutes les conditions se heurtent et se confondent. Des négresses sont assises dans la poussière ; elles vendent de petits pains ronds disposés en tas devant elles. Les Juifs ont le front fuyant, la barbe peu fournie ; ils portent le fez rouge

et une robe noirâtre. Leurs femmes, souvent fort belles bien que
d'allure un peu lourde, portent un costume beaucoup plus riche.
Elles ont un large pantalon de soie tout scintillant d'or, une veste
brodée, des colliers d'argent pendus sur la poitrine, et leurs épais
cheveux noirs s'échappent d'une toque pointue; un long voile flotte
librement.

Au contraire, parmi les Musulmans, les hommes sont beaucoup
plus richement vêtus que les femmes. Celles-ci s'enveloppent le
corps, le visage même presque tout entier d'une étoffe noire; on
ne découvre de leurs yeux que l'éclair subit du regard. Des
anneaux de cuivre tombent sur les chevilles et sonnent à chaque
pas. Ces femmes ne sont pas entre les plus riches; les femmes
riches, en effet, selon l'usage musulman, ne sortent guère; et l'on
peut dire en général aux pays d'Orient que les femmes sont
d'autant moins libres qu'elles ont plus d'argent. Les hommes portent une longue robe appelée gandora, tantôt bleue, rouge ou vio-
lette, et à l'entour de la calotte rouge qu'ils coiffent s'enroule un
blanc turban de soie. Ces couleurs magnifiques sont toujours har-
monieusement associées. Il y a dans tout ce peuple comme un
instinct naturel qui leur fait éviter la cacophonie criarde des
nuances et des couleurs ennemies. Seules les négresses veulent
quand même l'éclat, et les cotonnades, dont elles se drapent, sont
bariolées d'affreux carreaux. Cette foule est grave, calme, non
bruyante, affairée. Ces gens-là marchent lentement, s'arrêtent,
se saluent noblement; ils ne semblent pas vouloir dévorer les
heures. Ceux mêmes qui mendient portent leurs haillons comme
un consulaire la toge; les plus vieux surtout réclament, dirait-on,
un tribut, plutôt qu'ils ne sollicitent une aumône. Les nègres,
(ils sont assez nombreux) ont une allure plus vive; ils crient, ils
courent, ils ne savent pas, comme un bon fils du prophète, garder
une sereine placidité.

Tunis compte environ cent mille habitants. C'est la plus
grande ville de l'ancienne Lybie. Les Musulmans forment les deux
tiers de la population. Les Juifs sont au nombre de vingt mille

pour le moins. Sur les huit ou neuf mille Européens, près de cinq mille sont Maltais; et ces Maltais quelquefois établis à Tunis depuis plusieurs générations, issus de mariages mixtes, tant pour leurs mœurs que pour leur type, se rapprochent beaucoup de la population indigène.

Ainsi qu'il arrive dans presque toutes les villes de l'Orient qui conservent et non pas seulement en cela les usages du moyen-âge, à Tunis les diverses races, les diverses religions se groupent dans des quartiers séparés. Des règlements de police faisaient autrefois de cette répartition une obligation stricte. Les règlements sont tombés en désuétude, mais l'usage, plus puissant que toutes les lois, impose encore la même règle. Ainsi à Tunis à côté des quartiers exclusivement Musulmans, se groupent un quartier juif qui ne se distingue au reste en apparence des premiers que par une saleté plus grande, un quartier Maltais aisément reconnaissable aux chevaux qu'on y rencontre plus nombreux qu'ailleurs, aux harnais pendus aux murs, aux voitures arrêtées devant les maisons ; les Maltais, en effet, sont pour la plupart cochers, voituriers, valets d'écurie, charrons. Enfin le quartier Européen ou Franc a deux larges rues dont l'une aboutit au lac de Tunis. Là les maisons sont plus hautes; quelques boutiques affectent une splendeur presque parisienne et parfois des fenêtres à demi ouvertes s'échappe le tapotage d'un piano.

Les rues de Tunis, étroites et tortueuses pour la plupart, comme il convient du reste sous un climat fort chaud où l'ombre est la chose la plus précieuse, composent un inextricable labyrinthe. S'y orienter avec quelque sûreté est une entreprise difficile; on dévie sans cesse de la direction prise. Au reste ces promenades aventureuses sont pleines de surprises, et ce que l'on ne cherche pas vaut souvent mieux que ce que l'on cherche. Tunis est assez plat et c'est par une pente insensible qu'on atteint la Kasbah, sorte de forteresse, ancienne résidence seigneuriale, aujourd'hui délaissée et fort délabrée, qui occupe le site le plus élevé de la ville. Tunis ne conserve les ruines d'aucun monument ancien; cependant quelques blocs épars dans les rues, quelques fûts de colonnes enchâssés dans de misérables bâtisses et leur servant d'étais, témoignent d'une lointaine origine. Les monuments modernes sont des mosquées inaccessibles à tout ce qui n'est pas Musulman. Le fanatisme religieux est ici plus ombrageux qu'en Egypte où tout étranger obtient aisément accès dans les mosquées.

Les mosquées sont nombreuses à Tunis. Souvent au-dessus des terrasses les minarets nous les signalent. Ces minarets, comme ceux d'Algérie, du Maroc, comme ceux qui sur la terre d'Espagne redevenue Chrétienne ont échangé la logette du muezzin contre des cloches, sont pour la plupart carrés et non pas arrondis, pointus, audacieusement élancés comme ceux qui jaillissent aux rives du Bosphore. Les mosquées n'ont pas de façade librement étalée sur la rue ; on ne voit leurs minarets que de loin. La porte ne diffère souvent pas beaucoup de celle des maisons les plus modestes. Cependant au pied d'un minaret, visible celui-ci par extraordinaire et de forme octogone, une porte s'ouvre bariolée de marbre blanc et de marbre noir ; elle a de fines colonnettes et des arceaux mignons. C'est la seule construction qui donne quelque idée à Tunis de l'architecture Arabe, au moins dans ce que peuvent voir les profanes.

Tunis possède un bazar qui forme comme une ville particulière dans la ville. Libre accès à tous ; rien n'est plus tolérant que le commerce. Le bazar a ses rues, ses carrefours, même ses mosquées. Ses rues ou plutôt ses galeries sont tantôt voûtées, et les arcs se courbent en plein cintre ou s'aiguisent en ogive, tantôt recouvertes de planchettes mal jointés qui tamisent la lumière. Partout règne une ombre discrète. Les trous, ménagés dans les voûtes, lancent des jets subits de lumière qui font tache sur le sol.

Les marchands se groupent selon la nature de leurs marchandises. Ensemble les cordonniers qui empilent à leurs étalages babouches jaunes, rouges, vertes, quelquefois brodées d'or ; ensemble les armuriers acharnés à réparer des fusils de la plus vénérable antiquité ; ensemble les cordiers, ensemble encore les marchands de fruits qui se tiennent gravement accroupis entre des monceaux de dattes où les mouches fourmillent et des guirlandes de piments.

Les bijoutiers, qui ont aussi leur galerie particulière, ne font pas brillant étalage de leurs marchandises. Tout au contraire ils semblent craindre les voleurs plus que désirer les chalands; ils enferment tout sous clef. Ce n'est que sur notre demande expresse qu'ils nous montrent les lourds colliers d'argent, les pesants pendants d'oreille, les anneaux pour les jambes, les anneaux pour les bras que rêve la coquetterie des femmes Tunisiennes. Tout cela est travaillé au marteau, grossier, presque barbare, pittoresque cependant. Au reste les bijoutiers eux-mêmes ne paraissent pas estimer bien haut le travail de l'ouvrier; les bijoux s'achètent au poids et pas un prix bien supérieur à celui du métal.

Les marchands d'étoffes, ceux qui pourraient composer à leurs boutiques la plus splendide décoration, gardent tout en paquets roulés et entassés. Toujours cette discrétion et cette réserve qui contrastent tant avec le goût d'exhibitions fastueuses si généralement répandu chez nous.

Le marchand en Orient ne connaît pas la réclame. Il attend le chaland, il ne l'appelle pas. Il se tient gravement accroupi dans l'étroite case qui lui sert de boutique. Pas un mot, pas un geste pour solliciter l'attention du passant. C'est là du moins l'usage ordinaire. Quelques Juifs cependant, plus accessibles que les Musulmans à l'influence d'un esprit nouveau, consentent à parler les premiers; mais c'est là l'exception. Le silence, l'impassibilité, l'indifférence placide et solennelle, tels sont les caractères génériques du marchand presque partout aux pays d'Orient.

Le vendredi que les Musulmans chôment souvent, bien que ce ne soit pas une stricte obligation de leur loi; le samedi, jour du sabbat, que les Juifs fêtent toujours, une partie des boutiques sont fermées. Il faut voir le bazar quelqu'un des cinq autres jours. La foule y est nombreuse, variée, amusante, plus joyeuse, semble-t-il, qu'en tout autre lieu. Les mendiants, comme flairant l'argent qui aisément circule, viennent au bazar. Je me rappelle un aveugle, marchant gravement ses yeux vides en l'air, un long bâton à la main, drapé dans un ample burnous. On ne pourrait rêver plus majestueux Bélisaire.

En avant de la Kasbah qui, avons-nous dit, n'est plus qu'un amoncellement de ruines et de bâtisses confuses, on a voulu établir une place régulière. Quelques fûts de marbre s'alignent soutenant des arcs en fer à cheval et les chiens errants viennent là s'étendre au soleil. Une ébauche incomplète et déjà croulante, voilà tout ce qui est resté de ces vastes projets d'embellissement. Il en est un peu partout ainsi en Orient. Les choses modernes sont presque toujours inachevées et plus ruinées que tout. Des intentions mal suivies, des commencements d'exécution, puis l'abandon, l'insouciance, le dédain, l'oubli de l'œuvre commencée, c'est là l'histoire de tout ce que les gouvernements musulmans essaient pour secouer la torpeur du pays.

Le Bardo.

II

Quelques mots d'histoire. — Le bey et le Bardo.

Diodore de Sicile dit la blanche Tunis, et l'on pourrait encore l'appeler ainsi, car de loin la ville semble toute blanche; Tunis la florissante « Tounez-ez-Zahérah », disent les auteurs Arabes, et ce nom pourrait être mieux justifié, si un autre esprit présidait aux destinées du pays.

Les Phéniciens paraissent avoir été les fondateurs de Tunis, comme ils furent certainement ceux de Carthage sa voisine. Pendant bien des siècles, ces deux villes n'ont pas d'histoire séparée, ou pour mieux dire, Carthage absorbe tout, domine tout on ne voit qu'elle, et seule elle semble vivre comme seule elle règne. Ainsi végètent oubliés, inaperçus, les arbrisseaux qu'ombrage quelque chêne séculaire.

Mais si le voisinage de Carthage annula longtemps Tunis ; il lui valut aussi des hôtes redoutables. Les ennemis de la grande cité Phénicienne se firent plusieurs fois de Tunis comme un poste avancé. Agathocle, venu de Sicile, y campa ; puis vainqueur d'Amilcar et d'Hannon, Régulus vint s'y installer. Plus tard les mercenaires dont Carthage composait presque exclusivement son armée (Carthage ne fournissait guère que l'argent et les généraux) se révoltent, prennent Tunis et de là menacent la métropole. Amilcar Barca non sans peine les écrase.

Vient enfin un ennemi plus redoutable, Scipion Emilien et c'est d'abord de Tunis, son quartier général, qu'il commence les opérations du siège suprême où devait succomber Carthage.

Les régions Africaines conquises par les Romains, plus tard colonisées et repeuplées par eux, proclamèrent trois empereurs, les Gordiens, père, fils et petit-fils qui à eux trois ne régnèrent pas sept ans. Puis voici les barbares qui submergent tous les pays Romains. Boniface, gouverneur d'Afrique ; sous Valentinien III, tombe en disgrâce ; furieux, jaloux du crédit croissant d'Aétius, il appelle les Vandales de Genséric. Tout le pays est saccagé. Les Vandales établissent cependant une sorte de royaume. Le dernier prince, Gélimer est renversé par Bélisaire ; l'Afrique fait retour à l'empire Byzantin. Mais les plus brillantes victoires peuvent à peine donner, au vieux monde qui croule, quelques jours de répit. Le torrent des invasions reprend son cours un moment arrêté. Il vient cette fois de l'Orient. En 644, les Arabes apparaissent pour la première fois, sous la conduite d'Amrou-el-Aas. Repoussés, ils reviennent avec Bachen-ben-Artah. Tunis est pris en 689 ; Hassan brûle Carthage en 698.

Carthage n'est plus qu'une solitude, à peine un souvenir. Marius, errant et proscrit, était venu s'asseoir sur ses ruines avant que les Romains, oubliant enfin leur haine, eussent fondé une ville nouvelle sur l'emplacement de celle qu'ils avaient dé-

truite. La seconde ville détruite à son tour, un prince Chrétien
y vint, mais seulement pour mourir, notre roi saint Louis. Ce
fut la dernière croisade. Saint Louis croyait trouver dans le prince
qui régnait à Tunis un allié et bientôt un converti. Un émir se
faisant chrétien ! Quel rêve ! Mais toute l'histoire des croisades est
pleine de ces audacieuses illusions, de ces naïves ignorances qui
feraient sourire, si elles n'avaient pas leur origine dans un
enthousiasme qui faisait des héros.

Tunis, qui sans doute était une proie moins opulente que Carthage, survécut aux désastres des invasions. Tunis adopta la loi
et la foi du vainqueur ; plus trace bientôt du Christianisme.
Le Koran régna sans rival. Quelques juifs cependant conservèrent
obstinément leur religion. Peu nombreux d'abord, ils formèrent
plus tard une fraction importante de la population, lorsque l'Espagne bannit tout ce qui n'était pas Chrétien. Ces exilés refluèrent
sur les côtes d'Afrique et leurs descendants parlent encore un
mauvais espagnol, dernier souvenir du pays qui fut si follement
cruel. Quelques-uns même gardent et se transmettent de père
en fils les clefs des maisons d'où leurs aïeux furent chassés. Ils
comptent y rentrer. Les siècles passent, mais rien ne lasse ces
protestations et ces espérances tenaces.

Au seizième siècle, Barberousses, les fameux pirates que nous
nommons les Barberousses, Arondy et Khayr-el-Din, avec l'aide du
sultan de Constantinople, s'emparent de Tunis par surprise. En
1535, Charles-Quint vient à son tour. Les esclaves chrétiens, très
nombreux sur la côte barbaresque, se révoltent dans leurs geôles
et livrent la ville à l'empereur. Celui-ci établit à Tunis, un prince
musulman, Moulay-Hassan, sa créature. Le patronage des infidèles n'est pas une recommandation mauvaise pour un prince
musulman. Moulay-Hassan règne au milieu des orages ; chassé,
replacé tour à tour, il a enfin les yeux crevés par l'ordre de
son fils. Don Juan d'Autriche, l'heureux vainqueur de Lépante,
reprend Tunis en 1573 ; il y met garnison. Domination éphémère ;
la même année, Tunis est forcé, forcé aussi le château de La

Goulette; et les Espagnols, au nombre, dit-on, de plus de dix mille, périssent jusqu'au dernier.

Dès lors Tunis reste en dehors des évènements européens; et son histoire ne présente qu'un médiocre intérêt. C'est une suite fastidieuse de complots, de révolutions de palais, de meurtres. La population le plus souvent n'y prend aucune part; ce sont des drames intimes qui se jouent entre deux ou trois familles, leurs favoris et leurs serviteurs plus ou moins fidèles. La suzeraineté de la Sublime-Porte toujours précaire, est à peu près mise en oubli. Sans doute le Sultan demeure le chef religieux de tout musulman orthodoxe (certaines sectes dissidentes, les Chiites notamment qui dominent en Perse, ne le reconnaissent pas), mais c'est une autorité tout idéale, bien que la distinction du pouvoir temporel et du pouvoir spirituel soit une idée que comprennent mal les Orientaux. Si aujourd'hui il est question de ces liens de suzeraineté entre Constantinople et Tunis, liens relâchés, négligés et que le non usage aurait dans tous les cas prescrits, c'est que certaines intrigues jalouses croient trouver là une arme pour gêner l'influence Française.

Les beys, devenus indépendants, cherchèrent à immobiliser l'autorité dans une seule famille, et après bien des rivalités sanglantes, ils semblent y avoir enfin réussi. Selon l'usage musulman, ce n'est pas le fils qui toujours succède au prince défunt, mais l'aîné de la famille qu'il soit frère, neveu ou cousin. Le fils du défunt doit donc attendre pour régner que tous ses parents plus âgés aient passé avant lui.

Beaucoup des pays où domine l'autorité d'un prince musulman présentent un assemblage incohérent de races, de religions, de peuples. Ainsi en Turquie d'Europe où les Turcs ne constituent qu'une minorité. En effet, les Musulmans, avec les habitudes jalouses du harem, avec l'orgueil d'une foi qui les fait, pensent-ils, supérieurs à tous autres, avec leur vie de famille fermée, secrète, ne purent pas le plus souvent s'assimiler les peuples par eux conquis. Ils s'y sont juxtaposés, superposés, rien de plus, et ils ne font rien encore pour amener un rapprochement, une fusion du reste presque impossible. En Tunisie la diversité est moins grande. A la seule exception des Juifs, toute la population croit la loi de Mahomet. Les Chrétiens sont tous des étrangers. Cette population, toujours les Juifs mis à part, peut ainsi se partager quant à ses origines : quelques familles Turques venues à la suite des grands corsaires, mais très peu nombreuses bien qu'influentes, la famille régnante est Turque; la masse des Arabes que la conquête du septième siècle a répandue sur tout le pays, enfin quelques restes des aborigènes cantonnés dans les régions montagneuses de la Régence.

Quand un pays est conquis (cette règle ne souffre guère d'exceptions), les vainqueurs occupent immédiatement les plaines, d'abord parce que les villes sont là et les terres les plus riches, ensuite parce que la conquête y a été plus facile et plus rapide. Les vaincus, dépossédés, refoulés, gagnent les montagnes, et si les circonstances les favorisent, s'ils ont en face d'eux un gouvernement débile, ils s'y maintiennent dans une sorte d'indépendance. La difficulté des lieux et mieux encore leur pauvreté les défend. Parfois les épreuves les grandissent et moralement les fortifient; ces bannis reforment un peuple, leurs luttes, leurs sanglantes revendications rappellent sans cesse au vainqueur que la revanche est possible, pas de prescription contre eux; un jour ils sortent de leurs repaires et ressaisissent le patrimoine des aïeux. C'est l'histoire des Goths et des Ibères réfugiés aux montagnes des Asturies et combattant les Maures; c'est l'histoire des Pallicares hardis qui firent un jour descendre des cimes où elle s'était réfugiée, la liberté de la Grèce. D'autrefois les vaincus restent vaincus, la misère les aigrit sans les relever, ils perdent jusqu'au souvenir de la patrie perdue, ils ne se font pas héros, ils se font pillards; ils haïssent instinctivement les gens de la plaine, non parce qu'ils sont d'autre race, mais parce qu'ils sont plus riches. Les montagnes ne sont pas la citadelle d'une nation proscrite, mais le quartier général d'un brigandage effronté. C'est l'histoire des Kroumirs. Ceux-ci paraissent bien, en

effet, les descendants de ces aborigènes batailleurs que les colons
Phéniciens refoulèrent sans se les assimiler, que les Romains
réduisirent à l'impuissance sans les supprimer, que les Arabes
enfin convertirent mais sans les soumettre. Il n'y a de commun
entre eux et les gens de la plaine que la foi religieuse ; il est vrai
que cet unique lien est le plus fort de tous, surtout au jour où la
suprématie musulmane semble menacée. L'alliance alors s'impose
et devient pour tous un devoir sacré.

Si la régence de Tunis n'a plus de marine digne de ce nom, si
le dernier corsaire a disparu de ses côtes, la population, se souvenant
peut-être encore de ses exploits passés, pille volontiers les navires
Chrétiens quand quelque naufrage les leur livre. La chose s'est
produite il y a peu de temps, précisément au pays des Kroumirs,
et le navire jeté au rivage, l'équipage en détresse qui fut non
secouru mais dépouillé, étaient Français. On sait, du reste, que la
piraterie enrichissait Tunis comme Alger, il n'y a pas plus de
cinquante ans. Les rois Chrétiens se fâchaient ; Louis XV fit
canonner La Goulette et Souse, la ville maritime la plus importante
de la Tunisie ; mais toutes ces leçons, si rudes qu'elles fussent,
restèrent vaines jusqu'au jour où le grand développement de la
navigation à vapeur rendit la piraterie trop difficile et partant
peu lucrative.

Tunis est la capitale de la Tunisie par son importance ; mais
le bey, l'autorité suprême, n'a pas là sa résidence habituelle. La
France a son Versailles qui fut le séjour des grands pouvoirs de
l'Etat, qu'ils s'incarnassent dans un homme comme sous la
monarchie ou dans une assemblée comme hier encore. La Tunisie
a le Bardo : toutes proportions gardées, le Bardo est le Versailles
de la Tunisie comme le bey en petit en est le Louis XIV.

La distance de Tunis au Bardo est de deux kilomètres et demi.
Sortis de la ville, nous suivons tout d'abord d'assez près son
enceinte. Nous sommes au milieu d'un vaste cimetière ; les tombes
se pressent jusqu'au pied même du rempart. Presque toujours
elles se composent uniquement d'un petit massif de maçonnerie

grossière qu'un dé de pierre surmonte à l'une de ses extrémités.
Toutes ces tombes sont orientées de même et la plupart sans
inscription. Il n'est aucune clôture qui sépare le cimetière de la
campagne environnante. Aussi les chiens errants le jour, et la
nuit sans doute les hyènes, les chacals y viennent librement.
Les musulmans ont la très mauvaise habitude d'ensevelir peu
profondément leurs morts, et les laissent ainsi bien mal défendus
contre de hideuses profanations.

Un aqueduc paraît. Majestueusement il enjambe la campagne.
Dans une partie de son parcours, il superpose deux rangs d'arcades.
Rien qui annonce mieux l'approche d'une grande cité. Je ne sais
si les ingénieurs anciens y pensaient, lorsqu'ils sillonnaient de
magnifiques aqueducs la campagne Romaine; mais cette décoration triomphale prête au paysage une singulière grandeur. La
nature, vaincue comme les nations, se faisait tributaire de la cité ;
les provinces donnaient le sang et l'or de leurs peuples, la nature
donnait l'eau de ses montagnes. Ainsi à Tunis, bien que de Rome à
Tunis la différence soit grande.

Voici le Bardo. Le palais de Versailles, par la régularité solennelle et même un peu monotone de ses bâtiments, par la symé-
trique magnificence de ses dehors, par ses jardins qui continuent
en les agrandissant encore les lignes de l'architecture, rappelle
bien une monarchie toute-puissante qui seule longtemps pensa et
agit pour la nation entière, qui imposait l'ordre, la discipline, la
règle, voulait l'obéissance même des consciences, proscrivait
Calvinisme et Jansénisme, car l'hérésie dérangeait la symétrie des
âmes, mais une monarchie qui en même temps inspirait un
respect profond et faisait librement étalage de sa force et de sa
gloire. Le Bardo, assemblage confus de bâtisses, le Bardo tout à
la fois village et caserne, château et citadelle nous dit non moins
éloquemment les incohérences, les désordres, les agitations, les
craintes, les incertitudes, les misères enfin d'un gouvernement
dans l'Orient moderne.

La vénération des sujets suffit longtemps à défendre Versailles ;

grilles et sauts de loup n'y sont qu'un ornement. Le Bardo a son enceinte, ses bastions hérissés de canons, ses remparts émaillés de sentinelles. Une tour surmonte l'entrée principale; elle porte une horloge, et son cadran semble un gros œil qui nous regarde en louchant. Le bâtiment d'habitation où se heurtent sans se confondre un vague souvenir des villas italiennes, et quelques réminiscences des constructions arabes, prend pour base et piédestal un bastion. Un palmier qui jaillit du fossé et caresse de son panache la gueule des canons, voilà ce qu'il y a de mieux dans toute cette architecture.

Nous franchissons une porte qui débouche sur une rue rapide. L'ambition, l'intrigue, la haine, la jalousie tous les jours montent ce calvaire; avec nous ce n'est que la curiosité la plus sereine. Les voitures se pressent, car elles sont nombreuses et la chaussée est étroite. Que de visages affairés et que de passions on peut deviner sous les plus tranquilles ! Voici un vieil Arabe qui coiffe le fez rouge; il est indolemment étendu dans sa voiture. Voici un résident européen; il a mis habit noir et gants blancs. Un juif est venu à pied et tout en escaladant le pavé rocailleux et glissant, sans doute il rêve des piastres que lui fera gagner la commande qu'il espère. Quel carnaval de gens, de mœurs, de croyances! Et l'Europe envahissante et l'Afrique nonchalante sont là qui se coudoient; et tout cela s'agite, gravite autour de ce pouvoir qui se dit souverain.

Quelques maisons paraissent occupées par des habitants qui n'ont rien d'officiel. Il y a de petites boutiques où s'accroupissent les marchands. Ils restent immobiles pendant que passe et roule à leurs pieds le flot des visiteurs. Quelques-uns dorment à demi; plus heureux encore les mendiants dorment tout à fait, ensevelis sous leur burnous en guenilles. Les ânes braient, les âniers crient, les chameaux beuglent, les cochers injurient un peu tout ce monde qu'ils dédaignent et se fraient passage tout au travers à grands coups de fouet. Le fiacre est ici le char de la civilisation et roule en implacable triomphateur.

Quelques habitations plus riches semblent réservées aux grands de la terre Tunisienne. Les portes entr'ouvertes nous découvrent parfois la perspective des vestibules et de leurs colonnades.

Si Versailles, immense hôtellerie, enfermait roi, princes, seigneurs de la cour, ministres et ministères, on en avait cependant soigneusement écarté certains attributs de la puissance souveraine. Versailles n'a ni cachots, ni prison, ni salle de justice. Tout cela eût répugné à la délicatesse d'une cour entre toutes raffinée ; les beys n'ont pas eu ces scrupules et ces dégoûts. Au Bardo, le bey n'est pas seulement souverain, il est général, justicier, geôlier, bourreau. On trouve une caserne, un parc d'artillerie, une salle du trône, un harem à peu près vide, dit-on, une salle de justice, des salons de réception et de fêtes, des prisons, des cachots, enfin dans le vestibule d'entrée, une logette où vit toujours à la disposition du maître, l'exécuteur des hautes œuvres lui-même. Ce fonctionnaire nous fait très bon accueil et daigne nous tirer du fourreau le sabre recourbé qu'il manie, dit-on, à la satisfaction générale ; il daigne même comme un ministre accepter un bakchich.

Le harem, avons-nous dit, est à peu près vide, c'est du moins l'opinion courante à Tunis. Si bien fermé que soit un logis musulman, quand un prince l'habite, les murailles ont toujours quelque fissure où pénètre le regard des indiscrets. Les femmes sont peu de chose au Bardo et ce n'est pas par elles qu'on arrive. Il n'en faudrait pas conclure à une austérité de mœurs peu commune dans les cours. Harem, nous dit-on, signifie logis des femmes, gynécée, en langue Arabe, c'est possible, mais en dialecte Tunisien, il n'en est plus toujours ainsi. Pétrone seul pourrait raconter la chronique intérieure du Bardo.

Enfin, nous voici devant l'entrée principale du palais ; à Paris, le parc de Montsouris, héritant de l'exposition de 1867, en a reçu une copie réduite qui est maintenant l'habitation de quelques astronomes. A Tunis, l'ensemble est un peu plus grandiose. Dix arcades, bariolées de blanc et de rouge, s'alignent, et des colonnettes de marbre gracieusement les supportent. De marbre aussi sont les lions variant leurs poses, accroupis, couchés, debout, qui s'étagent au perron. A droite, à gauche, au niveau des premières marches, des soupiraux noirs sont béants, ils éclairent ou plutôt n'éclairent pas des cachots ; la justice ou le caprice du maître y retient quelques prisonniers ; nous les devinons vaguement aux profondeurs des ténèbres.

Le vestibule, tout à fait charmant, est la seule partie du palais où le génie qui enfanta les merveilles de Grenade et de Cordoue, fasse encore sentir un peu son influence. Ce n'est qu'un éclair, mais qui a suffi à animer et les rinceaux légers, et les frises de stuc si coquettement ciselées, et les marbres polis si doux à la main qui les caresse.

Une cour règne en arrière du vestibule ; des portiques aux colonnes de marbre l'encadrent, les murs sont revêtus de faïences luisantes. Là encore quelques heureuses réminiscences des anciennes décorations mauresques, mais les feuillages des chapiteaux sont lourds et les fenêtres, alignées au-dessus des portiques, répètent la même ordonnance monotone et banale.

Les appartements intérieurs présentent un labyrinthe confus de couloirs, de corridors sombres, d'escaliers, de chambres, de cabinets, de réduits. Un écheveau de fil, échappé aux pattes d'un jeune chat, n'est pas plus embrouillé. Il semble que le maître du logis n'ait qu'une médiocre confiance dans ses visiteurs. Chaque porte a sa sentinelle ; chaque corridor en a deux ou trois. Un rond de bois posé à terre marque la place de chaque soldat ; et cela donne à tous une frappante ressemblance avec les soldats de bois découpé et peint dont s'amusent les enfants. Ce sont de grands joujous, et sans doute une grande boîte leur sert de caserne.

Nous avons déjà signalé la tenue plus pittoresque que correcte des soldats Tunisiens. Au Bardo, ils sont un peu moins mal mis et armés de fusils un peu moins rouillés. Nul doute qu'ils reprennent leurs guenilles dès qu'a pris fin leur service auprès du prince.

Pauvre prince! tout lui est mensonge! on lui compose ainsi une mise en scène qui ne trompe que lui. Il en est de même à Constantinople; les soldats qui gardent les palais impériaux ont fort bonne tenue, ceux qui tiennent seulement garnison dans la ville sont équipés déjà moins bien, c'est acceptable cependant. Partout ailleurs, dans l'empire ottoman, les uniformes s'en vont en lambeaux comme la plupart des villes s'en vont en ruines.

Le salon d'attente où l'on nous introduit, parodie d'une façon grotesque les splendeurs d'un salon parisien. Sur la cheminée, entre deux grands bouquets de fleurs en papier peint, un Béranger de bronze s'accoude au cadran d'une pendule. Le chansonnier républicain dans l'antichambre du bey de Tunis, qui l'aurait cherché là?

Les industries orientales sont dans une décadence dont les œuvres des siècles antérieurs nous font mesurer l'étendue; cependant la dernière étincelle ne s'est pas éteinte de ce goût charmant qui enfantait tant de merveilles. Le bazar de Tunis renferme encore des tapis admirables, des armes curieuses. Mais plutôt que d'entourer sa majesté Tunisienne de ce luxe bien national et encore si plaisant aux yeux, le bey préfère habiller son palais à l'Européenne. Quel assemblage! Partout des lustres avec des bougies roses, vertes, jaunes qui fléchissent dans leurs bobèches trop larges; puis des candélabres, des pendules par douzaines dont pas une ne marche, des vases, des bronzes. On se croirait transporté à l'hôtel Drouot, un jour où trois ou quatre mobiliers confondus attendent que le marteau du commissaire-priseur décide de leur nouvelle destinée.

Une grande galerie réunit les portraits des potentats les plus divers. Louis-Philippe est là en tapisserie des Gobelins; il paraît nourrir un ennui tout royal. Puis voici l'empereur Nicolas, Victor-Emmanuel, Napoléon III et des beys calotte rouge sur la tête. Un jour qu'on aura voulu par hasard épousseter, le zèle aura été un peu trop vif, la main un peu trop prompte; plusieurs toiles sont crevées. Quelques vases en porcelaine de Sèvres sont des cadeaux faits par le gouvernement Français au temps où la France et Tunis échangeaient autre chose que des balles et des traités aigres-doux.

La salle, dite de justice, est partagée en trois nefs par des colonnades de marbre ; la salle dite des glaces, la plus curieuse, est entièrement couverte de petits miroirs chatoyants et scintillants. L'impression est fort désagréable ; on se sent enfermé comme dans une grande lanterne ; les yeux papillottent et larmoient au milieu de ces rayons, de ces éclairs, de ces reflets multipliés à l'infini.

De l'aspect même d'un pays on peut, dans une certaine mesure, conclure à la valeur de son gouvernement. L'homme reflète directement sa personnalité dans les objets qui l'entourent et dont il fait un usage habituel, une nation se reflète dans ses campagnes et dans ses cités. Appliqués à la Tunisie, ces principes donnent les conclusions les plus défavorables. Il en est ainsi plus ou moins dans tous les pays que domine un gouvernement musulman.

Nul plus que nous ne rend pleine et entière justice aux grandes choses qu'a faites l'Islamisme. Nous n'avons garde d'oublier les merveilles architecturales de Cordoue, de Grenade, du Caire, de Brousse, de l'Inde qui attestent une civilisation si brillante et si originale ; nous connaissons les admirables *huertas* de Valence et de Murcie où les procédés de culture des anciens Maures sont encore en usage ; nous connaissons aussi les campagnes autrefois peuplées et riches que l'indolence Espagnole a rendues au désert ; nous savons que durant une partie du moyen âge, les Musulmans eurent des médecins, des géomètres, des savants de tous genres comme on n'en trouvait plus aux pays Chrétiens ; leurs poètes, leurs conteurs sont lus encore, et l'humanité ne s'est jamais bercée de rêves plus charmants que ceux des *Mille et une Nuits*.

Mais tout cela est le passé ; le présent y ressemble peu. La science musulmane n'existe plus et presque plus l'art musulman. L'Islamisme gagne du terrain dans les régions centrales de

l'Afrique; là où il ne trouve devant lui que des peuplades sans
cohésion, encore dans les premiers tâtonnements d'une civilisation à peine naissante, et des religions qui se réduisent le plus
souvent à un grossier fétichisme. Partout ailleurs l'Islamisme
recule. Il avait entamé l'Inde, il y reste stationnaire; il avait entamé la Chine, le Boudhisme le refoule; il avait entamé l'Europe,
là sa décadence est plus visible encore et sa retraite plus rapide.
Il n'y a pas à se payer d'illusions; tous les Etats musulmans tombent successivement sous la conquête européenne ou sous un
protectorat plus ou moins officiel. Là même où l'indépendance na-
tionale a été respectée, ce n'est qu'une apparence. Toutes les forces
vives, bientôt toutes les richesses passent aux mains d'Européens :
ports, quais, routes quand il y en a, chemins de fer, mines,
carrières, jusqu'aux souvenirs et aux vestiges des civilisations
disparues, logiquement, fatalement échappent aux fils du pays et
passent aux étrangers plus actifs et mieux armés de tous points
pour le combat de la vie. Pendant que les dernières monarchies
musulmanes, au milieu d'un appareil chaque jour plus menteur,
agonisent dans les ruines de leur palais, un à un leurs sujets de-
viennent les ouvriers, les valets, les portefaix des nouveaux
venus. Quiconque, homme ou peuple, a des richesses qu'il ne
sait pas exploiter, les perdra; la logique des choses a de ces conclusions implacables.

Ainsi notre civilisation s'infiltre aux pays musulmans en atten-
dant qu'elle les envahisse victorieusement. On a parfois rêvé
d'associer ces peuples à cette inévitable transformation, rien
ne fut jamais plus chimérique. Notre civilisation, ces peuples,
non pas barbares mais déchus, ne l'aiment pas, ne la désirent
pas et le plus souvent ne la comprennent pas. Nous leur appor-
tons une administration plus honnête, des habitudes d'ordre, des
améliorations matérielles évidentes, dira-t-on? — Tout cela les
laisse indifférents, ou les gêne ou les choque. Allez éveiller le
mendiant déguenillé qui dort sur la pierre, et son premier mouvement sera de vous traiter d'importun et son second mouvement, si

vous lui proposez du travail, sera de vous maudire et de vous
envoyer au diable. Ainsi des peuples orientaux. Nous les déran-
geons. Des routes, des ports, des phares, des chemins de fer, des
télégraphes! que leur importe? Des routes pour des gens qui n'ont
pas de voitures! — Des ports pour des gens qui n'ont presque
plus de marine! Des phares pour des pêcheurs qui ne savent
pas lire sur une carte! — Des chemins de fer, des télégraphes
pour des gens qui ignorent absolument le prix du temps! C'est
presque une raillerie. Il n'y a qu'une seule chose que les orientaux comprennent bien dans les œuvres de notre civilisation, la
supériorité de nos armes perfectionnées, parce qu'ils les crai-
gnent directement. Le reste est à peu près non avenu. Que l'on
suppose un instant l'Algérie délivrée de la domination Française, immédiatement les télégraphes sont détruits, les routes
délaissées et bientôt impraticables, les monuments publics s'é-
croulent, les ports se comblent. En quelques années l'Algérie rede-
vient l'Algérie des deys et des beys; à peine quelques ruines de
plus et qui garderaient peut-être moins belle apparence que
celles des Romains. Notre civilisation s'implantera chez les
orientaux, mais sans eux et, plus ou moins ouvertement, contre
eux.

Cependant de la décadence flagrante de tout ce monde musulman, du discrédit et de la faiblesse croissante des gouvernements, il ne faudrait pas conclure à la dissolution de tout et de
tous. Les ressorts usés s'usent chaque jour, ils ne sont pas tous
détruits. Ce qui est le plus faible est surtout ce qui se voit, le
monde officiel. Mais plus bas, au-dessous, restent les masses
populaires. La décadence les a atteintes, elles aussi, un peu
moins cependant. Presque tout ce qui est ou ce qui touche le
gouvernement ou l'administration est dissolu et se dissout; le
peuple, plus misérable a été, par cette misère même, préservé dans
une certaine mesure. Le peuple peut encore donner des soldats si
les repus ne peuvent plus donner de chefs. La foi religieuse règne
là, ardente, incontestée, toute-puissante, et c'est une force sin-

gulière avec laquelle il faudra longtemps encore compter. Les premiers musulmans ont été des batailleurs et des conquérants; leur religion en témoigne. Que dit-elle en effet au croyant qui va combattre? « Quelque crime que tu aies commis, si souillée que soit ton âme, en périssant les armes à la main pour ta foi, tout est sur le champ racheté et ton âme quitte la bataille pour le paradis. » Ce paradis, on le connaît; les plaisirs, que l'intelligence la plus bornée peut comprendre, y sont promis; rien d'incertain, rien de flottant; l'élu est payé comptant. Et ce dogme, qu'on ne l'oublie pas, on ne trouverait pas un homme sur cent mille qui en doute; le scepticisme ni même la tiédeur ne sont musulmans. Après cela il ne faut pas s'étonner que l'Islamisme puisse à l'occasion inspirer le plus terrible héroïsme. Pour ces mendiants faméliques, pour ces traîneurs de guenilles, le paradis de Mahomet vaut bien une balle. Que de misères ils quittent! Que de joies ils sont sûrs de trouver!

Nous gagnons la campagne au-delà du Bardo en quête d'un aqueduc antique qui autrefois alimentait Carthage. Quelques sentiers qu'ont frayés les passants, sillonnent les gazons, des hommes qui ne portent rien, des femmes qui portent beaucoup, des chameaux chargés de balles de laine, des chamelles que leurs petits suivent en trottinant, nous croisent à tout instant.

Après une course de quatre ou cinq kilomètres, nous trouvons l'aqueduc. Il est brisé, rompu, et sur un vaste espace, ses débris jonchent la campagne. Sur la droite, l'aqueduc rejoignait le flanc d'une colline, sur la gauche il se perd aux lignes lointaines de l'horizon. C'était un monument considérable. Les fondations et les voûtes étaient en pierre, les piles seulement en pisé ou terre battue. Mais cette terre, calcinée depuis vingt ou vingt-cinq siècles par un soleil africain, est devenue dure et compacte comme la pierre. En quelques parties de son parcours, l'aqueduc présentait deux rangs d'arcades superposées, ainsi l'indique un ancien dessin. Maintenant les secondes arcades ont partout disparu, et les premières sont menacées du même sort. De la terre battue, cela semble un butin bien misérable; il n'importe, les gens du pays jettent bas ces ruines pour arracher à leurs fondations quelques vieux blocs. C'est une rage de destruction qui fait mal à voir. Ces peuples déchus ne savent plus que détruire. Quinze arcades avaient été renversées très peu de temps avant notre venue. Je l'avoue, si la lente usure des siècles qui peu à peu ruine et ronge les monuments abandonnés, ne me laisse qu'une mélancolie clémente, car je me sens là en présence d'une loi fatale, les sauvages dévastations des hommes m'indignent et me révoltent. Il me semble voir des enfants prodigues qui jetteraient au vent tout ce qui décorait la maison paternelle et sottement crèveraient les vieux portraits des ancêtres. Les monuments anciens parlent à qui sait les entendre; ils savent le passé, ils enseignent en même temps qu'ils racontent. J'aime d'une tendresse profonde ces témoins qui survivent aux drames de l'histoire, ces débris qui n'ont pas oublié, partout je les salue en toute vénération et je maudis la main qui les outrage.

La nature, elle, ne les outrage pas comme l'homme, elle semble plutôt vouloir les consoler, lorsqu'elle cache chaque blessure sous une fleur. L'aqueduc de Carthage est splendidement encadré dans un ciel tout d'azur et dans une campagne aux libres horizons. Et toujours cette parure printanière dont ne se lassent pas les yeux : des fenouils aux grandes ombelles d'or, des glaïeuls pourprés, des liserons bleus, mille autres fleurs qui revêtent la plaine tout entière du plus merveilleux tapis.

Nous rentrons à Tunis quand va tomber la nuit. On célèbre un mariage au quartier Juif et nous y allons. Quelques petits flambeaux, allumés à la porte, nous indiquent la maison de la mariée. Chez elle et encore sans la présence du marié, se passe toute la cérémonie à laquelle nous allons assister. Le grand rabbin nous accompagne; ce vénérable patronage, plus sans doute que notre qualité d'étranger, nous vaut l'accueil le plus gracieux. Mon compagnon et moi nous prenons place sur un long divan, aux côtés de la mariée. Elle se tient assise; son visage disparaît sous

un long voile d'or que le regard même d'un amoureux ne saurait
pénétrer. Un pantalon de soie blanche enveloppe les jambes ; le
corsage magnifiquement brodé laisse apercevoir une chemise rayée
de bleu. Les amies, les parentes de la mariée ont revêtu des cos-
tumes non moins riches ; mais aucun voile jaloux ne couvre leur
visage, par bonheur, car il en est de fort belles, quoique le type
soit généralement un peu lourd.

Le cortège se forme ; et mon compagnon et moi, chacun par un
bras, nous prenons la mariée. Les musiciens ouvrent la marche
guitares , flûtes et tambourins font rage et les voix de toute l'as-
sistance psalmodient un chant rapide et monotone. A chaque
instant les musiciens se retournent et jettent au visage même de la
mariée les éclats de leurs instruments. Puis courent dans nos
jambes et sautent de nombreux enfants. Ce n'est pas assez des
deux étrangers qui la flanquent et la soutiennent, la mariée
marche aidée encore par derrière d'une femme qui l'enlace. Enfin
une confuse escorte de gens de tout âge et de tout sexe ferme la
marche. A travers la maison, de chambre en chambre, nous
cheminons lentement ; et ni les chants, ni la musique ne cessent.
Tout à coup le tumulte augmente ; les femmes poussent des cris
stridents de perdrix effarouchées. On vient d'apporter une large
corbeille où sont les présents du marié. C'est un riche assorti-
ment de souliers et de babouches ; car le marié, paraît-il, est
cordonnier de son état et sa boutique lui fournit ses cadeaux de
noce.

Enfin, nous arrivons à une estrade brillamment illuminée. La
mariée y prend place ; on lui lève son voile. Elle est parfaitement
laide. On lui met un plat sous le menton, et chacun à son tour,
le rabbin ayant le premier donné l'exemple, y dépose son offrande.
Nous n'avons garde d'y manquer et chaudement remerciés de tous,
nous rentrons au logis sans envier le bonheur du cordonnier.

Aqueduc de Carthage.

III

Autour de Tunis. — Les ruines de Carthage. — Panorama de Tunis.

On peut aller de Tunis à Carthage en voiture si l'on ne craint pas trop les cahots des pistes confuses qui sont les grandes routes de la Tunisie. Nous cheminons quelque temps dans la direction de la Goulette, puis nous obliquons vers l'ouest. Peu à peu le sol s'élève, et nous voyons se rapprocher la colline dite de Saint-Louis, du nom d'une petite chapelle qui la domine.

L'orge verdoie dans la campagne. Bientôt apparaissent des vestiges informes et à chaque moment plus nombreux : quelques arcades croulantes que la terre comble à demi, des blocs dispersés, des pans de murs qui semblent des écueils, les orges que le vent balance, les caressent comme un flot clément, enfin, des débris sans nom, de la poussière qui fut longtemps de la puissance et de la gloire.

Nous escaladons la colline de Saint-Louis. Souvent les plus grands drames de l'histoire se sont joués sur un petit théâtre. Des ruines immenses comme celles de Palmyre et de Balbek n'ont que de courtes annales; au contraire quelques pierres éparses marquent seules parfois l'emplacement des cités les plus fameuses, ainsi en est-il à Sparte, à Sardes. L'histoire de la république Romaine est bien à l'étroit dans son forum, et la colline de Saint-Louis paraît bien humble pour porter le souvenir de Carthage. Là, cependant, fut la fameuse citadelle de Byrsa qui résistait encore quand déjà la ville n'était plus qu'un monceau de cendres. Là, dit la légende, Didon fit dresser le bûcher où elle voulait mourir; là, dit l'histoire, Amilcar vaincu demandait sa grâce à Scipion Emilien, là, sa femme plus vaillante jetait ses enfants aux flammes qui consumaient les derniers remparts de Carthage, s'y jetait elle-même et périssait en maudissant cet époux devenu assez lâche pour survivre au suprême désastre de la patrie. Là, Marius vint s'asseoir et Saint-Louis vint mourir. Un monument consacre le souvenir du dernier de ces passants fameux. Au milieu d'un enclos, propriété de la France, une chapelle s'élève, assez misérable et conçue dans ce faux style gothique, chéri au commencement de ce siècle des dessinateurs de vignettes. Les chevaliers et les troubadours de Mme Cottin se croiraient ici chez eux. Cette chapelle a pris pour fondation les ruines d'un temple d'Esculape illustre dans l'histoire de Carthage. Là, lorsque la citadelle fut forcée, périrent les derniers défenseurs. M. Beulé, lorsqu'il vint explorer la pioche à la main, et l'on sait avec quel bonheur, l'emplacement de Carthage, dégagea quelques parties du temple ruiné et enseveli; mais il ne put pousser bien loin ses recherches, quelques coups de pioches de plus, et la chapelle chrétienne allait confondre ses ruines à celles du temple païen.

Lorsque les Romains, par les ordres de ce grand réparateur qui a nom Auguste, relevèrent la ville de Carthage, ils paraissent avoir adossé un palais à ce qui restait du temple, et ce palais, suppose-t-on, placé au faîte de la ville, servait de résidence au préteur. Un fonctionnaire Romain trônait à Byrsa. Trois salles que des absides terminaient, ont été mises à découvert. Les voûtes incomplètes gardent quelques caissons, le sol, des mosaïques gracieuses. Mais peu à peu la terre s'éboule, les débris rejetés glissent aux excavations béantes ; il semble que ces ruines veuillent reprendre leur linceuil de poussière.

L'enclos a donné refuge aux débris les plus divers : inscriptions latines pour la plupart, statues mutilées, têtes, bras, jambes et mains gisants comme sur un champ de carnage. Une matrone est restée debout ; de chastes draperies l'enveloppent, et près d'elle un César Romain, cul de jatte et manchot, prête son torse nu aux ébats des lézards. Tout cela est romain ; quelques rares fragments entre lesquels nous remarquons deux lions, d'un dessin barbare, peuvent remonter à l'époque carthaginoise.

La citadelle de Byrsa, maintenant la colline de Saint-Louis, domine le site entier de Carthage. Pas un arbre ne s'y élève ; presque partout cependant l'herbe est assez haute pour cacher les derniers vestiges de la ville qui du reste ne montent pas haut.

Quelques saillies, quelques vagues ondulations marquent peut-être l'emplacement de monuments disparus. La colline qui termine le site de Carthage, du côté de l'occident, est criblée de trous qui furent des tombes ; c'était la nécropole.

Rien ne subsiste à Carthage, qui ait figure de monument que les citernes ; et sous un ciel presque toujours pur, dans un pays arrosé de rares ruisseaux qui, les deux tiers de l'année, coulent à sec, rien n'était d'une plus impérieuse nécessité.

Ces citernes sont au nombre de vingt-deux, groupées dans un ensemble unique. Les premières que nous trouvons, sont rondes, et pour les couvrir il n'y a plus maintenant que des morceaux de coupoles. Les autres citernes, de beaucoup les plus nombreuses, sont carrées et bien plus vastes. Toute la construction est à petit appareil d'une admirable régularité. Les murs conservent encore après plus de dix-neuf siècles, leur enduit lisse et compact comme au premier jour. Aussi les eaux que distillent les pentes environnantes, viennent toujours se déverser dans ces réservoirs que leur avait préparés la prévoyance des Romains. Quelques-uns sont presque pleins comme s'il fallait encore désaltérer la population d'une ville immense. Un couloir voûté les borde ; on peut ainsi faire aisément le tour des citernes et même par un escalier tournant qui, s'accroche aux parois de l'une d'elles, on a accès jusqu'en leurs dernières profondeurs.

Plus nous avançons et plus nous trouvons parfait l'état de conservation. Aucun ornement, pas même une moulure et cela est beau cependant, beau de sa force et de son immensité; rien ne témoigne plus éloquemment de l'importance que Carthage avait retrouvée sous la domination Romaine. D'étroites ouvertures sont ménagées dans les voûtes, elles scintillent comme des étoiles. Leur rayonnement discret, le jeu des reflets et des ombres agrandissent encore la perspective des voûtes et des murailles noires. Les citernes semblent des abîmes. Quelquefois l'eau y sommeille limpide et parfois tachée de lueurs blafardes; quelquefois des décombres s'y sont amoncelés, de petites herbes y poussent pâles et cherchant la lumière.

La gloire, l'orgueil, la force de Carthage étaient ses ports. M. Beulé a pu en reconnaître l'emplacement, même en déterminer le plan général; mais les tranchées ouvertes se sont comblées et les ports sont redevenus à peu près invisibles. A mesure cependant que nous nous rapprochons du rivage, les débris se multiplient; évidemment ce sol fut longtemps couvert de constructions nombreuses. Il y a des arcades, des pans de murs renversés les uns sur les autres, les ruines mêmes sont ruinées et l'on dirait qu'une divinité malfaisante s'est plu à les casser, à les secouer au hasard, à les confondre comme un enfant ferait des jouets qui l'ont lassé.

Nous sommes sur la grève. Quelques blocs où les anneaux disparus ont laissé trace de leur scellement, ont pu appartenir aux quais. Des fûts de marbre et de porphyre apparaissent à demi submergés, les algues les festonnent, les coquillages les rongent. La mer a ressaisi tout l'espace que l'homme avait usurpé sur elle. Sans doute quand des digues l'enserraient, furieuse elle venait les battre, maintenant elle est calme, souriante, elle a désarmé. La solitude règne où trônait une immense cité. Carthage, mieux que par les Scipions, est vaincue par le temps et sa dernière galère a disparu ; la mer peut oublier que Carthage l'avait domptée, elle pardonne, et le flot se fait doux et caressant comme un souvenir consolateur.

Une colline mollement inclinée s'élève à une courte distance de Tunis. De la belle vue qu'elle permet d'embrasser, elle a pris le nom vulgaire de Belvédère. Quelques oliviers, quelques caroubiers plusieurs fois centenaires la couronnent. Souvent la brise les secoue rudement, aussi leurs branches sont-elles contournées, noueuses et leurs racines tendues comme des câbles. Mais ces arbres sont clairsemés, et le regard plane librement sur un espace immense. La campagne, qu'elle revête l'inutile mais charmante parure des fleurs, ou qu'elle étale la verdure des orges et des blés, espoir de la moisson prochaine, est partout riante et splendide. Quelques sentiers y serpentent semblables à des rubans qui traînent au hasard. Sur notre gauche, le golfe de Tunis décrit gracieusement sa courbe et sur cette nappe d'azur les vaisseaux font de petites taches blanches. Une chaîne de montagnes aux angles adoucis limite l'horizon du côté de l'Orient. Leurs cimes chauves resplendissent sous la lumière qui les inonde. Plus près de nous apparaît Tunis. Vue d'aussi haut et d'aussi loin, la ville semble n'avoir ni rues ni places ; elle ne forme plus qu'une seule masse d'où jaillissent coupoles et minarets. La ville est toute blanche, ses murailles sont jaunâtres ; elle y est enchâssée, elle y brille comme une opale dans un cercle d'or. Sur notre droite, l'ancien aqueduc de Carthage s'aligne, et ses piles, ses arcades béantes rompent les lignes des campagnes lointaines.

Amphithéâtre d'El-Djem.

IV

De Tunis à El-Djem. — Rome au désert.

17, 18, 19 avril 1872.

Le jour commence à peine lorsque nous quittons Tunis. Comme un César à son triomphe, nous sommes traînés par quatre chevaux. En effet il n'existe pas en Tunisie d'autre route que celle qu'on se fraie soi-même.

Pour parcourir les cinquante lieues qui nous séparent d'El-Djem et que le retour doit doubler, c'est prudence de prendre l'attelage le plus vigoureux. Peu confiant dans les ressources du pays et dans sa sécurité, nous emportons armes et vivres. Le juif Abraham nous accompagne. Il doit nous servir d'interprète. Le cocher est Maltais d'origine, mais il ne parle qu'un italien imparfait. Enfin, un jeune garçon, tour à tour cocher suppléant, postillon, domestique, complète notre troupe.

À peine avons-nous laissé derrière nous les remparts de Tunis, que nous trouvons de vastes cimetières. La ville des morts entoure la ville des vivants. Parmi les tombes innombrables qui présentent uniformément de petits massifs de maçonnerie allongés et peu élevés, se dressent quelques sépultures plus importantes. Ce sont des sanctuaires coiffés d'une coupole ronde. L'un d'eux est, dit-on, le tombeau du dernier des Abencérages.

La campagne revêt de vastes champs de blé. Bientôt nous perdons la ville de vue. La mer nous apparaît souvent. Çà et là les oliviers arrondissent leur tête chenue. Mais peu à peu cessent les cultures. Au blé succèdent les joncs mêlés aux touffes épaisses des palmiers nains. Parfois jaillissent quelques lauriers-roses entr'ouvrant leurs premières fleurs. Les montagnes se sont rapprochées; l'harmonie sévère de leurs contours grandit, en les encadrant, ces mornes campagnes.

Au pied des pentes rocheuses, nous découvrons Hamman-El-Lif, où des eaux efficaces, dit-on, contre les affections de la peau, attirent un grand nombre de malades. Tout semble un peu à l'abandon. On reconnaît là l'insouciance chère aux Arabes.

Les constructions datent d'hier, elles tombent déjà en ruines. Cependant, murs, coupoles, bâtisses de tous genres, pavillons vermoulus composent un ensemble pittoresque. Le soleil prête à ces misères un air de coquetterie.

Les montagnes, ravinées par les pluies de l'hiver, laissent voir leur ossature de rochers. Les cimes chauves étalent quelquefois des taches rougeâtres ; on dirait des brûlures. Plus loin apparaît une montagne que l'épée de quelque Titan semble avoir fendue par le milieu ; le ciel s'encadre bizarrement dans cette blessure béante. Mais les montagnes fuient ; elles s'en vont aux dernières limites de l'horizon aligner un rempart majestueux. D'un azur un peu sombre, elles découpent nettement sur l'azur jaunissant du ciel leurs profils anguleux.

Partout le printemps fleurit. Les mauves épanouissent leurs bouquets roses ; puis ce sont des crépis scintillant ainsi que des étoiles d'or, des pavots qui effeuillent au moindre souffle leurs pétales pourprés, des marguerites géantes. A peine sortis de terre, de petits crocus ouvrent des fleurs bleues, semblables à celles des iris. Ainsi émaillée, la campagne semble une mer immense dont les flots entraîneraient mollement mille pierres précieuses.

Enfin, les asphodèles, toujours respectées des troupeaux, portent haut leurs tiges où les fleurs s'étagent en grappes roses.

Nous avons laissé sur notre droite, une des plus hautes montagnes de la Tunisie. Les Arabes, sans doute en souvenir de quelque mine abandonnée, l'appellent le Djebel-Ressas, montagne de plomb.

Nous franchissons sur un petit pont, non pas un fleuve, ni un ruisseau, mais un ravin étroit où l'eau a peut-être coulé quelquefois, c'est ce qu'on nomme l'Oued-Touniss.

Quelques monceaux de décombres surgissent dans la campagne. Tantôt ce sont des buttes toutes hérissées de grandes herbes et l'on hésite à y reconnaître des ruines, tantôt les pierres gisent comme dispersées par quelque ouragan terrible. Ces restes accusent un travail romain.

Il n'est pas d'arbres qui viennent rompre l'uniformité de ces steppes, et les oiseaux qui, sans grande peur, passent en nous jetant un joyeux gazouillement, n'ont que la terre où se poser.

Souvent surgit à l'horizon quelque caravane. C'est une apparition subite qui, peu à peu, grandit. Quelle que soit son importance, la caravane chemine dans un ordre qui varie peu. Les chameaux ouvrent la marche ; ils servent rarement de monture, mais deux énormes ballots, le plus souvent de laine ou d'alfa, se posent en équilibre sur leur dos. Derrière les chameaux viennent les ânes, petites bêtes maigres, étiques, mais d'une vigueur singulière. Ils ont aussi leurs deux ballots, mais parfois quelque vieillard s'ajoute à cette première charge. Ne portant rien qu'un fusil ou un long bâton, derrière les ânes marchent les hommes. Enfin, viennent les femmes à peine vêtues de quelques guenilles ; elles sont écrasées sous quelque lourd paquet, et souvent encore portent des enfants dans un long sac. Hommes et animaux accusent la plus profonde misère, l'insouciance et l'abandon. Une couche de goudron noirâtre remplace le poil disparu sur le flanc tout râpé des chameaux. Les ânes ont des plaies saignantes où le bâton vient sans cesse frapper. Les hommes portent de grands burnous jadis blancs. Les déchirures laissent entrevoir de longs corps amaigris ou plutôt desséchés.

Et cependant ces malheureux marchent d'un air superbe. Les femmes ont toute cette misère, mais elles n'ont pas toute cette fierté. Effarées, inquiètes, elles jettent des regards furtifs ; dans la campagne, elles ne portent pas de voiles. Souvent mères à peine nubiles, elles sont vieilles à vingt-cinq ans, ou plutôt elles semblent n'avoir plus ni âge ni sexe. Et pourtant ce sont bien ces processions de fantômes qu'il faut à ces vastes solitudes. Entre la nature, les hommes, les animaux eux-mêmes, règne une harmonie suprême.

Ainsi distraits, charmés d'un rien, d'un petit chameau qui s'en va trottant près de sa mère, d'un visage relevé de tatouages, d'un haillon décoloré que le soleil illumine, peu à peu, nous avançons. Les oliviers reviennent et nous annoncent Groumbélia. C'est un village de quelque importance. Toutes blanches, les maisons rayonnent ; on dirait d'énormes blocs arrachés à quelque carrière de marbre et laissés à l'abandon. La mosquée pose sa coupole au front du village et dresse dans l'azur la petite tour carrée de son minaret. De loin, Groumbélia, comme tous les villages que nous rencontrerons, compose un ensemble pittoresque et même gracieux ; mais c'est un mirage trompeur. Vu de plus près, le coquet village ne montre que des ruines. Des haillons pavoisent les terrasses, et les maisons, pour la plupart, sont crevassées du haut en bas.

Après Groumbélia, nous trouvons Belad-Tourki. Puis viennent deux ruisseaux qui voient fleurir les touffes des lauriers-roses dans les vases où s'égare leur mince filet d'eau.

Tout à coup à notre gauche surgit un grand palmier, et près de lui les bouquets touffus de quelques jeunes palmiers ; ceux-ci semblent hésiter encore à s'élancer dans l'azur. Là, des tas de pierres grossièrement amoncelées dessinent vaguement de petites enceintes. Nous sommes devant Bir-el-Abain (le puits des Quarante). C'est la commune sépulture de quarante musulmans qui périrent massacrés par les infidèles, c'est-à-dire par les chrétiens. Cet événement tragique doit remonter à l'époque des expéditions de Charles-Quint contre Tunis et Sousa.

Cependant le sol est plus mouvementé, mais jamais le regard ne cesse d'embrasser les plus vastes horizons.

Nous faisons notre première halte à l'ombre d'un bois d'oliviers. L'herbe plus épaisse et plus verte trahit une certaine humidité. En effet nous trouvons un petit puits ouvert au niveau du sol. Pas de corde, du reste, ni de seau. Si nous n'avions eu la prévoyance de nous en munir à l'avance, nous pourrions mourir de soif, comme Tantale, en nous mirant dans l'eau.

Après un arrêt assez court, nous nous remettons en route. Bientôt aux grandes asphodèles, aux plantes splendidement fleuries, succèdent d'épaisses broussailles. Les pins, les pistachiers, les tuyas, les lentisques, y confondent leur ramure. Les troupeaux, en passant, rongent les jeunes pousses et ces pauvres arbres arrondis mutilés, affectent les formes les plus bizarres ; plus loin, cependant, quelques caroubiers, que leur grandeur sauve de ces outrages, étalent en dôme leur sombre feuillage, leur tronc tord une écorce grisâtre.

Nous atteignons Bir-el-Bouita. C'est là que se termine notre première journée de marche. Bir-el-Bouita est un grand fondouk où s'arrêtent les caravanes dans les voyages qui doivent les conduire à Sousa, à Sfax, où même jusqu'à la régence de Tripoli.

Le fondouk est un hôtel auquel ne manquent le plus souvent que des chambres, des lits et une cuisine. Autour d'une vaste cour carrée, sont des cases qui n'ont d'autre ouverture qu'une porte basse. Là se parquent hommes, femmes et quelquefois même animaux, lorsqu'on ne veut pas les laisser se morfondre à la belle étoile.

Trésor rare dans ces régions voisines de la mer, Bir-el-Bouita a de l'eau potable et un abreuvoir où chameaux et ânes viennent boire en files interminables. Bir-el-Bouita a de plus une salle étroite où les Arabes prennent le café ; enfin luxe vraiment extraordinaire, une chambre ménagée au premier étage (car on a construit un premier étage) contient deux lits de fer avec des paillasses abondamment peuplées. Nous nous installons dans ce gîte ; puis tandis qu'Abraham veille aux apprêts de notre souper, nous allons explorer les alentours.

Sous la protection du fondouk, se groupent quelques champs de blé que des figuiers de Barbarie énormes renferment dans un rempart d'épines. Nous trouvons dans un pauvre jardin quelques arbres maigres y agonisant tristement. Ainsi qu'une volée d'oiseaux effarouchés, une bande d'enfants s'enfuit à notre approche, puis curieuse, s'arrête pour nous observer de loin.

La mer est voisine. Nous entendons les vagues se briser d'un mouvement régulier sur le sable de la plage.

Nous rentrons. Sans cesse arrivent et partent les caravanes. La porte du fondouk encadre, dans son arcade, les grands chameaux qui passent lentement. Près de là quelques Arabes se tiennent assis. Leurs guenilles décolorées s'enlèvent sur le fond blanc de la muraille avec une vigueur singulière.

Cependant la nuit est venue. Elle n'amène pas, avec elle, de tristes ténèbres. La lumière, adoucie, mais non pas éteinte, semble caresser toutes choses. L'azur, sans disparaître, s'est lentement assombri. Les étoiles scintillent, plus nombreuses qu'au ciel de notre vieille Europe ; on dirait une poudre d'or et de diamants.

Un bruit bizarre nous amène dans la cour. Le mur projette sur le sol une ombre noire, tandis que l'une des cases laisse voir un mystérieux rayonnement ; encore quelques pas, et nous découvrons une scène toute orientale. Une assemblée d'hommes accroupis tapisse les murailles, et dans l'espace vide, une fille ou plutôt un enfant, se tord en lentes ondulations, sous ses guenilles flottantes. Elle s'enivre elle-même aux sons cadencés d'une musique monotone. Ses pieds restent immobiles ; mais ses bras s'enlacent, sa tête se balance, renversée sur son épaule. La foule jette des cris réglés ; les mains battent la mesure, accentuant le rhythme. Près de là, dans leur café, les Arabes se sont endormis ; une lampe mourante égare ses lueurs sur leurs grands burnous.

Vers deux heures du matin nous nous remettons en route, et nous passons, sans les voir, près des ruines qu'en revenant nous devions remarquer. C'est ainsi qu'à une heure de marche de Bir-el-Bouita on rencontre, trônant sur une colline, un tombeau de forme arrondie. Ce dut être la sépulture de quelque famille considérable, si l'on peut conclure de l'importance du monument à l'importance de ceux dont il consacrait la mémoire. Les inscriptions ont disparu avec la plupart des pierres du revêtement. Le célèbre mausolée de Cecilia Metella sur la voie Appienne paraît avoir servi de modèle à ce tombeau de construction évidemment romaine.

Il domine sur une vaste étendue, et la campagne et la mer ; de là son nom vulgaire, Kas-el-Menara, le château du phare. La voie près de laquelle il avait été élevé, selon l'usage constant des anciens, a laissé dans le lit de l'Oued-el-Kenatir les ruines encore reconnaissables d'un pont. Les piles accusent la naissance des arches.

Lorsque paraît enfin le jour, nous nous trouvons dans une campagne désolée. Seuls des joncs se dressent en touffes épaisses. La terre en est mouchetée. Parfois la mer découvre son immensité resplendissante, et vers le Sud, les montagnes ferment l'horizon d'une barrière lointaine.

Mais il n'est même plus de joncs. La campagne prend les aspects sinistres d'un désert. Pas un brin d'herbe qui puisse germer sur la terre crevassée. Le regard se fatigue à mesurer ces solitudes. A notre droite un marécage apparaît. Là croupit une eau saumâtre que les flamants parfois effleurent de leurs grands ailes roses.

Le soleil partout calcine et fend le sol ; nous trouvons ensuite d'immenses champs de boue. Maintenant le terrain se relève. Nos chevaux essoufflés nous traînent à pas lents dans le sable. Il faut bientôt que nous mettions pied à terre. D'innombrables troupeaux descendent en phalanges serrées et leurs bêlements nous arrivent longtemps. Nous trouvons un puits desséché. Un pauvre chevreau s'y est arrêté. Il saute tristement de pierre en pierre, cherchant une eau maintenant tarie jusqu'à la dernière goutte ; il pousse de petits cris et semble pleurer. En vain la mère, elle aussi arrêtée, répète ses appels ; il s'obstine à cette recherche inutile ; le troupeau cependant s'éloigne et disparaît dans la poussière.

Nous atteignons enfin Herglah. Ce village occupe, dit-on, l'emplacement du bourg antique Horrea-Cœlia. Avec une grâce toute charmante, il groupe autour de deux mosquées ses maisonnettes radieuses. Un minaret, aux murailles coquettement crénelées, domine tout le village. Puis au-dessus des terrasses qui s'enlèvent éclatantes dans l'azur brûlant du ciel, jaillit un palmier que la moindre brise balance. Parfois sort des rues étroites un chameau qui dépasse de sa haute bosse les plus petites maisons.

Une lumière splendide embrasse toutes choses ; elle accuse les contours avec netteté, dureté même, et les ombres semblent, par le contraste, des ténèbres pressées de toutes parts d'un rayonnement victorieux. Le ciel et le village se renvoient comme des baisers de feu.

Voilà que de la porte d'une case s'échappe un bruyant essaim d'enfants. Les plus jeunes sont nus et s'en vont en riant rouler dans la poussière ; les plus grands portent des haillons qui ne les voilent qu'à demi. Les yeux ont un regard dont tout le visage est illuminé. Mais dans toute cette bande glapissante la grâce de l'enfance s'altère d'un air de sauvagerie.

Le village est entouré de quelques plantations d'oliviers. A la limite des champs, de gigantesques figuiers de Barbarie font scintiller, sur les feuilles les plus hautes, quelques belles fleurs d'or.

Nous nous sommes assis à l'ombre de vieux oliviers, et la terre est la table où Abraham étale notre déjeuner. Les enfants quelques femmes même nous regardent, mais de loin et sans oser approcher. Les guenilles, les visages amaigris attestent leur misère. Notre déjeuner réalise sans doute pour ces malheureux les splendeurs légendaires des festins de Balthazar. Ils ne nous demandent rien cependant. Là ou l'étranger ne fait que passer, et bien rarement, il n'est pas de mendiants.

Mais à peine notre déjeuner est-il terminé, à peine nous sommes-nous éloignés de quelques pas que femmes et enfants accourent. Les chiens plus hardis sont venus les premiers, et tout ce monde grouillant, hurlant, glapissant, se dispute quelques os et jusqu'à des écorces d'orange.

Nous nous sommes remis en marche depuis une heure à peine, lorsque le sol s'affaissant devient un marécage à demi desséché. La fange s'y crevasse sous les rayons du soleil. Une chaussée de pierre, de construction récente, traverse dans toute leur longueur ces perfides bourbiers.

Maintenant les palmiers plus nombreux forment des groupes charmants ; parfois ils s'embrassent, confondant leurs cimes vacillantes. Puis viennent quelques tours lézardées ; elles semblent espionner la mer qui sourit au loin.

La vie renaît plus active, plus joyeuse. Les oliviers s'alignent en files interminables. Quelquefois le blé ou l'orge disputent aux fleurs une terre dont tout révèle la fécondité. Les caravanes se multiplient. Souvent passent des femmes demi-nues. Courbées sous le poids de leurs enfants, elles marchent péniblement. Quelques filles, encore exemptes des durs labeurs de la maternité, courent d'un pas léger dans la campagne. Leur visage relève sa teinte sombre de tatouages bizarres. Une sorte de robe bleuâtre compose le costume. Fendue sur le côté, elle laisse apercevoir, au moindre mouvement, des jambes sveltes, des seins à peine dessinés, un corps enfin élégant en sa maigreur même. Une coiffure basse couronne la tête et retient un long voile qui tombe sur le dos en plis gracieux. La poussière a fané ces étoffes grossières ; mais étoffes, guenilles, membres bronzés au soleil, harmonisent bien leurs couleurs. Tout à coup voilà quatre ou cinq de ces filles qui, follement, s'élancent. Elles courent avec des cris de joie, et derrière elles laissent flotter un ample manteau bleu. Le vent gonfle cette voile, et l'on dirait qu'une grande aile s'est ouverte pour emporter dans l'espace ces enfants rieuses.

La mer découvre encore une fois son azur. Les caroubiers touffus, les palmiers se mêlent maintenant aux oliviers. De petits aloès suspendent, aux talus du chemin, des clochettes d'or. Et les cultures plus soignées et la route mieux frayée et les passants plus nombreux, tout nous révèle l'approche d'une ville. Bientôt se découvrent les murailles blanches de Sousa.

Là, nous attend M. Gandolphe, la bienveillance même. Prévenu par télégramme de notre arrivée, il nous a retenu un gîte, et son intervention obligeante doit nous obtenir une lettre du gouverneur tunisien pour le scheik d'El-Djem, terme extrême de notre voyage. Nous parcourons la ville en compagnie de notre aimable hôte.

Sousa est l'*Hadrumetum* des Romains, la capitale de l'antique province de Bysacène. On y compte 6 à 7 mille habitants. Située sur le bord de la mer, Sousa emprunte encore une certaine importance à l'exportation de l'huile et de l'alfa.

De vastes cimetières s'étendent au-delà des portes. Pressée dans son enceinte, chaîne de pierres dont les tours semblent les chaînons, la ville dresse fièrement et les créneaux de ses murailles et les coupoles de ses mosquées ; à ses pieds ondule, en vagues verdoyantes, une forêt d'oliviers centenaires.

Les rues étroites, tortueuses, tantôt forment des carrefours bizarres et tantôt s'étranglent sous des voûtes ténébreuses. Les maisons, le bazar où s'égarent, dans quelques pauvres galeries, quelques marchandises plus pauvres encore, enfin l'aspect de toutes choses rappelle Tunis, mais avec plus de misère et d'abandon.

Hadrumetum avait deux ports aujourd'hui comblés. Sousa n'en a pas un seul. Les navires jettent l'ancre devant la ville et s'abritent comme ils peuvent. En avant des murailles, du côté de la mer, règne une sorte de quai où les ballots d'alfa s'entassent. Une porte, recourbée en fer à cheval, non sans une certaine grâce pittoresque, ménage un passage direct de la ville au quai.

Les ruines d'Hadrumetum ont servi à construire Sousa. Souvent, adossés à l'angle des maisons, on trouve des fûts de marbre, des chapiteaux dont le badigeon efface à demi les acanthes mutilées. On montre encore des citernes probablement de construction romaine, puis au milieu de masures parasites, quelques bâtisses qui accusent une réminiscence du style bysantin. Enfin, comme pour fuir des mains barbares toujours impatientes de détruire, un sarcophage de marbre se tapit à l'ombre d'une vieille arcade.

Nous allons dans un établissement de bains dégourdir nos membres et réveiller nos forces. Le bain, comme l'entendent les Arabes, avec la savante gradation des étuves et l'intervention du masseur, rappelle ces bains tant vantés dont les Anciens avaient porté l'art jusqu'aux raffinements les plus ingénieux. Chez les peuples d'Asie et d'Afrique, les mêmes usages ont persisté. Jusque dans la disposition des salles, des fourneaux, des bassins, des piscines, on retrouve la tradition antique. Mais quelle décadence ! quelles pauvres imitations ! Ces tristes caves où l'eau suinte à regret, quelle piteuse figure elles feraient auqrès des triomphantes splendeurs des thermes de Caracalla ou de Dioclétien !

Au moment de rentrer au logis que nous prête une famille juive, nous apprenons une grave mésaventure. Le matin, notre cocher maltais nous avait demandé quelque argent pour payer l'orge des chevaux ; sans doute la somme remise avait été un peu trop forte, la richesse est non moins mauvaise conseillère que la pauvreté, notre homme, après avoir pourvu au dîner de nos bêtes, n'eut rien de plus pressé que de songer à ses plaisirs.

Bourse sonnante, et se croyant sans doute ainsi un Don Juan irrésistible, il partit à la recherche de quelque galante conquête. Mal lui en prit, bien qu'il parlât la langue du pays et fût Tunisien d'adoption, la Tunisie en effet aime peu ses enfants adoptifs. Il s'était adressé à des vertus peu farouches cependant et dans un milieu où la jalousie semble impossible ; il n'importe, les Musulmans ont ici une susceptibilité ombrageuse en toutes choses ; l'affaire tourna mal, le Maltais fut injurié, battu, et sans l'intervention du vice-consul anglais qui le fit saisir et enfermer au consulat, le pauvre garçon probablement n'aurait plus revu Tunis. Lui-même, le soir, nous conta piteusement ses malheurs, le visage encore tout sanglant. Il nous fallut nous mettre à la recherche d'un autre cocher ; il fut trouvé, mais non sans peine. Dans une ville qui ne connaît les voitures que de réputation et de vue, on conçoit qu'un cocher soit la plus extraordinaire rareté.

Cet incident et quelques autres que l'on fera connaître par la suite montrent en toute évidence combien précaire est la sécurité publique en Tunisie, spécialement dans les provinces méridionales.

Dès le matin nous quittons Sousa et nos chevaux, un peu reposés, nous entraînent vers El-Djem , le but et le couronnement de notre voyage. Longtemps encore les plantations d'oliviers nous entourent ; leur pâle verdure égaie un peu ces campagnes.

Nous laissons derrière nous un pauvre village, Zaouiet-Sousa ; puis viennent encore quelques ruines informes. Trop dévastées pour qu'on puisse reconnaître de quel monument elles sont les débris, elles attestent cependant quelle population considérable vécut et prospéra autrefois dans ces régions où la vie s'éteint, où la solitude agrandit sans cesse son domaine.

Nous dépassons Menzal, hameau silencieux et tristement assoupi. Maintenant jusqu'à El-Djem, nous ne trouvons plus une masure. Une plaine morne, un ciel embrasé nous enferment sans cesse entre leurs deux immensités. Et pourtant cette implacable uniformité étonne le regard plutôt qu'elle ne le fatigue. Cet infini respire une grandiose sérénité.

La mer a disparu, les montagnes ont fui, l'horizon n'a plus de barrière et la faiblesse de nos yeux limite seule ces solitudes formidables. Il n'est pas un arbre, pas un arbrisseau, rien qui jette un sourire dans cette tristesse austère. Les fleurs mêmes éteignent leurs couleurs ; elles pâlissent. Tantôt elles rampent contre terre en touffes arides, et tantôt composent des bouquets d'un duvet bleuâtre. Quelques plantes épineuses se dressent un peu plus haut, tandis que frémit la chevelure verte de l'alfa. Le sillon tracé par les caravanes serpente, comme s'il hésitait, sur une direction douteuse.

Tout à coup apparaît une carcasse décharnée, triste débris de quelque chameau mort de fatigue. Un chien hideux ronge ces ossements, et, sans pousser un grognement, nous regarde passer de ses yeux jaunes.

Cependant nous devinons au loin quelques troupeaux qui broutent. Deux hommes accourent et fuient emportant un mouton. Le berger a vu le vol, et le voilà qui se lance à la poursuite des voleurs. Il va les atteindre, lorsque ceux-ci jettent leur proie et disparaissent les mains vides.

La plaine va toujours s'étendant à l'infini ; mais des ravins creusent des abîmes inattendus. Le sol çà et là s'est affaissé sous les grandes pluies de l'hiver. Rien n'annonce ces trous perfides qui s'enfoncent quelquefois à cinq ou six mètres de profondeur et s'enferment de falaises à pic. Ces ravins règnent sur une étendue considérable. Ils forment des croisements et comme des carrefours. Parfois on y voit tapis quelques vieux oliviers.

Tout à coup une masse confuse surgit à l'horizon. C'est une montagne, disons-nous ; c'est El-Djem ou plutôt c'est son amphithéâtre, dit Abraham et répète Sidi-Ali, le janissaire du vice-consul de France à Sousa, qu'obligeamment on nous a donné pour compagnon et sauvegarde. Comment reconnaître cependant un monument dans ce colosse qui, d'aussi loin, domine la campagne ? Si c'est là une montagne, elle ne se rattache à rien. Elle est à elle-même et son commencement et sa fin. On ne sait quel caprice de la nature a pu la faire jaillir de terre. Mais, si c'est là un édifice, quelles sont donc ses proportions formidables !

Cependant les heures s'écoulent. En vain nos chevaux, impatients du but comme nous-mêmes, précipitent leur course, il n'y a que le sol foulé par nous qui semble fuir. Toujours les mêmes solitudes, toujours la même immensité ; toujours à l'horizon cette même masse mystérieuse. — Quatre lieues au moins ont été parcourues depuis qu'elle nous est apparue ; elle reste immobile, morne, et l'espace qui nous en sépare grandit en même temps que nous courons. Ces déserts s'obstinent à nous dérober leur secret. Enfin, la masse si longtemps confuse se débrouille lentement.

Dans la montagne se révèle un monument. Ou plutôt on dirait que la montagne elle-même se découpe, se taille et prend forme à la voix de quelque génie. Les contours s'accusent. Les arcades se superposent en rangées solennelles. C'est un amphithéâtre qui proclame, en ces tristes solitudes, et le souvenir de Thysdrus, et la grandeur du nom romain.

Nous nous sommes arrêtés près d'un puits. Quelques Arabes s'empressent à faire boire nos chevaux. L'eau est douce, qualité bien rare dans les puits de toute cette région. On la puise au moyen d'une grande perche en équilibre, et qui semble de loin la vergue de quelque barque ensevelie dans le sable.

Sans attendre notre équipage, nous partons en avant. Maintenant reparaissent les oliviers, les figuiers de Barbarie qui semblent se livrer dans les haies des combats furieux.

El-Djem est un petit bourg d'un millier d'habitants, tous musulmans. Nous le verrons plus tard : maintenant c'est à l'antique cité qu'il remplace, à Thysdrus seul, que nous voulons penser.

Thysdrus, que certaines inscriptions désignent sous le nom de *Thysdritana Colonia*, vit naître l'éphémère puissance de Gordien l'ancien. C'est là qu'il fut proclamé. Thysdrus eut donc le facile honneur de faire un empereur. Ce fait, assez peu mémorable, du reste, n'en atteste pas moins l'importance de la ville au troisième siècle ; mais plus éloquemment encore, l'amphithéâtre nous dit ce qu'était Thysdrus. Construit sur le modèle du Colisée, il en égale presque et l'étendue et la splendeur. Une estimation très vraisemblable fait monter à quatre-vingt-dix mille le nombre des spectateurs qui pouvait trouver place dans son enceinte. Comme au Colisée il est trois rangs d'arcades. Les colonnes à demi engagées qui les séparent supportent de larges entablements. Mais ici l'ordre est partout le même ; les chapiteaux répètent à l'infini l'acanthe corinthienne ; comme au Colisée, une attique surmontait les trois étages d'arcades et couronnait le monument. Elle a disparu ; mais quelques pans de mur, encore debout à l'intérieur, paraissent s'y être rattachés. Les clefs de deux des premières arcades détachent en relief une tête de femme et une tête de lion. Les autres clefs sont restées frustes. On pourrait en conclure que la décoration de l'amphithéâtre n'avait pas été complètement terminée.

Le monument tout entier est construit en blocs énormes. Cette solidité, la perfection du travail, l'heureuse harmonie des lignes accusent une époque florissante. L'opinion qui veut faire de Gordien le créateur de cet amphithéâtre ne soutient pas la discussion ; ce n'est pas dans un règne de quelques semaines que l'on peut élever un pareil édifice, tout au plus pourrait-on y ordonner quelques réparations. C'est probablement au siècle des Antonins qu'il faut reporter la fondation de l'amphithéâtre comme la grand prospérité de Thysdrus.

Jusqu'aux dernières années du xviie siècle, le monument avait échappé aux outrages des hommes et ce n'est pas le temps qui eût jamais ébranlé ses murailles. Mais en 1695 il servit d'asile à une troupe nombreuse d'Arabes révoltés, et Mohamed-bey dut éventrer la citadelle pour forcer les rebelles. Dès lors les Arabes n'ont cessé d'élargir la brèche, ils viennent une à une arracher les pierres. Dans les blocs ils se taillent des moellons. Cette odieuse dévastation suit son cours ; à la teinte blanche des pierres on voit où les barbares sont venus hier poursuivre leur œuvre de destruction.

Ainsi le colosse s'émiette, transformé en masures. El-Djem tout entier est sorti de cette carrière. Si El-Djem était une ville et non un misérable village, sans doute maintenant il ne resterait plus rien de l'antique merveille.

La brèche tranche et les voûtes et les massifs de maçonnerie qui supportaient les gradins, ossature formidable. Les couloirs s'enfoncent dans les ténèbres, les blocs s'étagent en escalier.

Nous voici dans l'arène. Elle est ensevelie sous un prodigieux entassement de décombres. Les gradins ont disparu, et les voûtes semblent prêtes à vomir encore des torrents de débris. Et arcades, pilastres, maçonneries informes, corridors interrompus qui croulent dans le vide, toute cette masse monte, grandit et encadre dans le ciel, comme une arène d'azur. Le colosse est dévasté, brisé et l'on dirait qu'il se refuse à reconnaître sa défaite.

L'herbe pousse vigoureuse et touffue. Les voûtes se cachent à demi sous les orties géantes. Là où panthères et lions ont jeté leurs rugissements, un grand silence est répandu et les chameaux viennent paître lentement.

Pour atteindre la cime, l'escalade est difficile. Un à un ont disparu les degrés des escaliers. Les massifs inclinés qui les portaient, eux-mêmes effondrés, ouvrent sous les pas des précipices. Il faut souvent, d'un saut périlleux, franchir de larges brèches. Un Arabe nous accompagne et son épaule vigoureuse nous sert de marchepied.

Cependant peu à peu nous nous sommes élevés. Nous atteignons enfin la dernière galerie. Delà se découvre le monument tout entier. Il semble un effroyable abîme, ou plutôt le cratère de quelque volcan bouleversé jusque dans ses entrailles. Quel peuple, quelle mer humaine il fallait pour remplir cette enceinte prodigieuse ? Cela n'est plus à notre taille et nous disparaissons dans cette immensité.

Autour de nous les grands arceaux s'inclinent et développent les perspectives de corridors énormes. Là un trou béant laisse voir les galeries inférieures. Ici montent quelques degrés qui bientôt s'arrêtent. Plus loin de profondes ténèbres accusent des gouffres mystérieux. Et tandis que nous écrasent ces masses surhumaines, les oiseaux funèbres piaulent et tournoient tout effarés.

Détournant un instant nos yeux du monument, ou plutôt de son squelette, nous cherchons enfin El-Djem, ce village qui, avec son nom, impose ses misères à la cité disparue. El-Djem se tapit à nos pieds. C'est cet amoncellement de masures, ces ruines piteuses qui croulent, à peine sorties de terre. Quelques cases s'alignent, comme pour former une place, et sur leurs murailles, sur leurs terrasses poudreuses, l'herbe pousse déjà et jette bas les pierres. Plus loin viennent encore des taudis, des tannières où grouillent dans l'ombre on ne sait quels êtres. Puis une mosquée élève timidement son minaret ; elle se fait petite, toute honteuse d'être venue se poser sur cette terre païenne.

Mais tout à coup passe un nombreux cortège. Un Arabe est mort ; ses amis l'accompagnent au cimetière. On porte le corps enveloppé dans un linceul, sans cercueil et les pieds nus ; nous le voyons s'éloigner en balançant la tête. La marche se règle sur un chant lent et monotone.

Combien de morts a vu ainsi passer l'amphithéâtre dont nous foulons les dalles quinze fois centenaires ! Que de générations, que de peuples, comme un flot toujours renaissant, se sont écoulés devant lui ! Ils ont disparu et ces Romains qui l'ont dressé de leurs mains puissantes, et leurs vainqueurs et tant d'autres après eux ! seul il survit ; seul il garde, toujours fidèle, les grands souvenirs oubliés. Ce village, à qui il fait l'aumône de ses pierres, El-Djem, végète. Les masures s'adossent aux vieilles arcades ; elles crouleraient sans appui. Ainsi que des coquillages parasites, elles rongent les murailles dont elles sont sorties. Et le géant n'oppose à ces outrages que sa gloire et sa beauté. Il contemple d'un regard de pitié toutes ces bâtisses de nains et toutes ces misères du présent.

Un noble personnage s'avance, c'est le cheik d'El-Djem. Il a reçu la lettre qui nous recommande à lui et vient nous souhaiter la bienvenue. Enveloppé d'un turban et d'un burnous d'une éclatante blancheur, il marche gravement. Sa longue barbe que l'âge a décolorée, descend noblement sur sa poitrine. Il est grand et toute sa personne respire un air de bienveillance et de majesté. Quelques Arabes l'accompagnent. Mais bientôt discrètement ils s'arrêtent devant l'amphithéâtre. Seul le cheik y pénètre. Nous lui épargnons la peine et le danger d'en faire l'escalade. Son accueil est courtois, et nous échangeons, par l'intermédiaire d'un interprète, quelques paroles flatteuses. Il se met tout à notre disposition ; et sans beaucoup nous faire prier, nous lui abandonnons le soin et du gîte et du souper. La case la plus propre du caravan-sérail est déjà disposée pour nous recevoir.

Pour le moment, après nous avoir fait servir le café, notre homme ordonne à l'un de ses hommes de nous montrer tous les débris antiques encore debout sur l'emplacement de Thys-drus.

Jusqu'à plus de deux kilomètres de l'amphithéâtre, le sol n'est que poteries brisées, fragments de marbre, briques encore prises dans un mortier aussi dur que la pierre. Nous ne cessons de fouler la poussière d'une ville. Bientôt nous trouvons des citernes, moins importantes toutefois que celles de Carthage. A l'ombre des voûtes quelques plantes ont fui le soleil, toutes heureuses d'un reste de fraîcheur.

Plus loin quelques voûtes incomplètes semblent avoir fait partie d'un temple. Elles portent un enduit que des peintures sans doute recouvraient. Tous ces lambeaux de monument s'ensevelissent sous leurs décombres : on dirait qu'ils cherchent un asile au sein de la terre, dans les ténèbres et dans l'oubli. Les Arabes, au moins au-tant que leur paresse le leur permet, ne cessent de fouiller toujours en quête de trésors imaginaires. Ils ne trouvent pas ce qu'ils cher-chent, mais ils brisent ce qu'ils trouvent.

Dans une tranchée récemment ouverte au milieu d'un champ, on nous montre des fragments de mosaïque qui s'émiettent sous le pied, puis une base de colonne de marbre richement sculpté. Nous ne pouvons regarder un morceau de porphyre ou de granit, une pierre, une poterie qu'aussitôt notre guide ne s'en saisisse et ne le jette, comme dans un sac, dans un pli de son burnous. Son zèle ne connaît pas de bornes ; il nous ferait emporter toutes les ruines de Thysdrus. Déjà Abraham et Sidi-Ali, notre escorte l'ont chargé de pierres prises à l'amphithéâtre ; ce sont là, en effet, dans les idées des gens du pays, des talismans sacrés et qui préservent des scor-pions. Cette croyance prend son origine dans le privilège singulier qu'a toujours eu El-Djem, d'être privé de ces hôtes gênants, tandis que Sousa et Tunis en sont infestés dès que viennent les grandes chaleurs d'été.

Mais le sol accuse autour de nous de brusques ondulations. Tout nous révèle l'emplacement d'un édifice considérable. Çà et là surgissent des blocs d'un marbre précieux où l'on est venu scier des dalles ; dans les frondrières roulent des colonnes brisées.

Près de là, deux marabouts découvrent leur coupole ; sous leur protection sacrée, se groupent des tombes nombreuses, ainsi que des brebis autour de leur pasteur.

Mais une chaleur suffocante s'est répandue partout. L'air s'embrase. Des nuages noirs grandissent lentement. Est-ce un orage et quelque tempête va-t-elle se déchaîner ? On le croit un moment et déjà les Arabes éclatent en cris joyeux, car la pluie, c'est le blé gonflant ses épis, c'est la moisson abondante, c'est la richesse. Le ciel est une arène où se livre un sublime combat. Déjà le soleil incline. Derrière nous tout est noir. De profondes ténèbres montent et envahissent l'horizon. Chaque instant élargit cette tache sinistre. Les blancs marabouts s'enlèvent brutalement. Le vent commence à souffler furieux et brûlant ; il soulève la poussière en tourbillons, comme s'il voulait jeter au désert ce qui reste de Thysdrus.

Mais devant nous se dresse l'amphithéâtre. Il défie la tempête. C'est l'écueil où impuissante, toute rage doit se briser. Nous ne voyons pas maintenant les blessures béantes. Dans leur magnificence solennelle, les arcades semblent les premiers degrés d'un escalier qu'un Titan aurait dressé pour escalader l'Olympe. Et le soleil même fait fête au colosse. Prêt à disparaître devant les nuées grandissantes, c'est à lui qu'il adresse sa dernière caresse et ses dernières splendeurs. La nuit partout est répandue, que l'amphithéâtre rayonne encore, ainsi que le nom de Rome dans les ténèbres du passé.

Sans fondre sur El-Djem, l'orage a fui. Nous gagnons notre gîte où nous attend un couscoussou, présent du cheik. Mais les nattes dont par malheur il a fait recouvrir le sol nous réservent de fâcheuses surprises ; c'est la tunique de Déjanire. La nuit ne sera qu'une longue bataille dont nous ne sortirons pas vainqueurs.

Quatre spahis, ou gendarmes à cheval, ont amené dans le caravansérail un Arabe qui, la veille, avait massacré une femme et ses deux enfants. Il a été pris, et non sans peine, paraît-il pendant nos courses archéologiques. Il est là enchaîné dans la cour.

Cependant les dernières lueurs se sont éteintes. Les chacals rôdent autour du village et répètent sans fin leurs tristes vagissements.

VERSAILLES. — IMPRIMERIE CERF ET FILS, 59, RUE DUPLESSIS.